[英] 立诺阿·卡坦纳齐/著　马燕/译

绿色育儿

让宝宝的人生从绿色开始

华夏出版社

图书在版编目(CIP)数据

绿色育儿/(英)立诺阿·卡坦纳齐著;马燕译.－北京:华夏出版社,2009.1

(育儿百科)

ISBN 978－7－5080－5074－4

Ⅰ.绿… Ⅱ.①立… ②马… Ⅲ.①妊娠期－妇幼保健－基本知识 ②婴幼儿－哺育－基本知识 Ⅳ.R715.3 TS976.31

中国版本图书馆 CIP 数据核字(2008)第 174021 号

华 夏 出 版 社 出 版 发 行
(北京东直门外香河园北里 4 号 邮编:100028)
新 华 书 店 经 销
世 界 知 识 印 刷 厂 印 刷
三河市万龙印装有限公司装订
880×1230 1/32 开本 7.25 印张 137 千字 插页 1
2009 年 1 月北京第 1 版 2009 年 7 月北京第 1 次印刷
定价:18.00 元

本版图书凡印刷装订错误可及时向我社发行部调换

编者的话

绿色，是自然，是生机，是生命的颜色，是孩子们的颜色。

绿色是简单、生动、经济而且时尚的。本书译自英国原著，教给你非常简便实用的绿色育儿法，使你在育儿和生活中贯彻绿色理念，帮你打造健康聪明的宝贝：应用自然疗法准备受孕、以自然健康的方式养胎和分娩，按需母乳喂养，母婴同室，使用布尿布，用背具背孩子，尽量少用化学清洁用品，给孩子吃有机食品，让孩子多参加户外活动，应用自然疗法对治小病，绿色教育，节约资源和能源，绿色旅行……

所有这些，简便、有趣，有些方法似曾相识。

是的，本书的理念来自于时尚的欧洲，传递的是时尚的后现代的理念和方法，而有些却与我们的传统不谋而合。崇尚简约朴素的生活，是现代精神与传统的统一吗？也许是。经过了工业社会的繁荣，我们主动选择了绿色的生活。不是因为物质的缺乏，而是因为我们对自然的感恩和敬畏。

做个返朴归真的时尚达人，给孩子绿色的明天，开始吧！

致谢 acknowledgements

感谢海莉和艾丽西娅给予我的帮助。此外,我尤其需要感激 MJC 为我所做的一切。

献辞 dedication

谨以此书献给伊斯拉·乔伊和所有需要我们这些家长帮助他们做出改变的孩子们。

目录 contents

前　言 ·········	1
第一章　受孕和妊娠 ·········	1
怀孕准备 ·········	2
妊娠 ·········	9
第二章　分娩 ·········	23
分娩计划 ·········	24
检查、干预和新生儿治疗 ·········	25
陪产 ·········	30
分娩方式的选择 ·········	32
待产和生产过程中疼痛的缓解 ·········	34
剖腹产 ·········	40
尽快适应为人父母的新角色 ·········	46
第三章　产后 ·········	49
坐月子 ·········	50

	亲子关系	51
	喂养与睡眠的方式	58
	产后恢复	62
第四章	食物	69
	母乳是婴儿最好的食品	71
	人工喂养	74
	6个月及以上的婴儿	75
	有机的真正含义是什么？	80
第五章	尿布	87
	尿布	88
	定时如厕训练	93
第六章	保持清洁	95
	护理用品	96
	常用的化学品	97
	家居清洁用品	98
第七章	健康	103
	保健选择	104
	疫苗接种	108
	自然疗法	110
	补充疗法入门	111
第八章	服装和用品	119
	服装	120
	用品	126

第九章　游戏和教育 ········· 131
　　游戏与成长 ········· 132
　　玩具 ········· 137
　　其他游戏 ········· 139
　　社交 ········· 144
　　电视 ········· 145
　　教育 ········· 146
　　儿童保育 ········· 147
　　主流教育之外的选择 ········· 149
　　最有效地利用主流教育 ········· 151

第十章　绿色家居 ········· 155
　　室内毒素 ········· 156
　　替代途径 ········· 161
　　在花园中 ········· 163
　　绿色建筑 ········· 168

第十一章　回收再利用 ········· 171
　　垃圾 ········· 172
　　减少使用量、重复使用和回收再利用 ········· 173
　　关于回收再利用的谣言 ········· 175
　　常见的可回收再利用的物品 ········· 177
　　回收再利用更多的不常见的物品 ········· 185
　　循环再利用的前景 ········· 187

第十二章	能源	189
	家居能源节约小贴士	190
	碳抵消	194
	家庭可再生能源	195
第十三章	度假和旅行	199
	度假	200
	旅行	203
第十四章	全面实践绿色育儿	207

当您阅读此书时,很可能,您或者您身边的人正和世界上许许多多的女性一起经历着同一件事——妊娠。恭喜您!新生命的孕育是我们人类所能经历的最令人惊奇、最珍贵,也是最美妙的事情之一。然而,需要反省的是,与对待生命中其他美好事物一样,在抚育子女的道路上,我们是否走得太远。我们在妊娠、分娩和抚育子女方面的投入已经成为所有消费活动中支出最大的一项。我们不仅为此掏干了腰包,而且对我们的健康、环境和社会造成破坏,也不可避免地影响了孩子们的未来。当我们不惜一切代价为孩子创造最优越的生活的同时,我们实际上已经正成为大众市场媒体的受害者。

当您阅读此书时,很可能您正在寻求改变,因为您已经开始探索绿色育儿的世界。那么,何为绿色育儿?

何为绿色?

"绿色"这一术语是由德国绿党在1980年首次参加全国大选时提出的。从那以后,绿色的含义不断丰富,并为大多数人所接受。当与抚育子女连用时,绿色意味着将我们的环境与社会视为统一的整体,并且以自然的方式全面增进健康与活力。

将绿色与嬉皮士及中产阶级的叛逆者联系起来的日子已经一去不复返了。绿色是属于每一个人的,并且影响了每个人的生活方式。当政府开始觉醒并着手解决全球变暖、碳排放、急速扩大的垃圾填埋场、不当生活方式引起的健康问题和已有迹象的能源危机的时候,我们势必要对自己的生活方式做出改变。

与一些人的言论相反,这样做不一定是结束的开始,而是人类为进化所迈出的新的一步。本书旨在为那些开始对自己和家人进行改变的人们提供各项指南。它将指导您根据自己的需求合理应用绿色育儿法,并将其恰当地融入自己的生活中。同时,它将就如何实现这些改变和获取更多信息为您提供现实的指导。

绿色生活其实很简单,您可以将许多小事纳入日常生活而不会引起彻底的家庭绿色革命。本书中的建议兼顾了大家繁忙的生活方式,同时为那些有意将绿色育儿进行到底的人们提供新的思路。

从此您将开始绿色之旅,从受孕、妊娠、分娩,到如何为您和家人营造更加绿色的家居,本书都为您提供了丰富的信息。最好的消息是,当您为我们的星球尽自己的一份力时,您也在节省自己的血汗钱。由此我们进入下一个专题:为什么要走绿色之路?

为什么要走绿色之路?

瞄准了准父母,商家常常以提供免费信息指导和试用装的名义散发临床资料和大众市场出版物,实际上它们只是狡猾的营销手段,目的就是掏干你的腰包。尽管其中不乏有用信息,但有些也言过其实。因此作为消费者,一定要深思熟虑后再做决定。医生们往往来去匆匆,因此无法回答具体的育儿问题。每个人都有选择的权利。只有掌握充分的事实依据,你才能做出最适合你和孩子的明智的决定,从而完全掌握你的金钱和生活方式。

 环保效益

您知道吗？在我国，每天大约 1 千多万的纸尿裤（一次性尿裤）被扔弃。它们全都被倒入垃圾填埋场，其中一些甚至还含有一定的固体物质。它们会存留在此几百年，因为在每个这样的尿裤中，至少 10% 的部分是无法降解的。每天 1 千多万个纸尿裤中的十分之一部分堆积起来就相当于一座巨大的、不断升高的塑料山。

您知道吗？大多数的家用清洁剂、纺织品、油漆和个人保健产品，当它们同时使用时，会产生对人体有害的化学反应。我们的身体遭受到多种人工合成化学物质的污染。不仅如此，在过去的 50 年内，大约 8 万种新的人工合成化学物质被释放到环境中。

我们司空见惯的一些产品在生产时消耗了太多的资源和能量。大量进口商品又加剧了碳的排放和温室效应。我们的生活方式对环境和能源施加了太大的压力，这一点从我们不断增长的能源账单可见一斑。

对目前的产品、服务的消费和生活方式稍加改变，虽然对环境影响不大，但意义十分深远。循环使用玻璃瓶子，不要认为这样的事情与你无关，它恰恰是构成未来环境变化的庞大链条中重要的一环。

 **社会效益**

选择购买本国或当地生产的产品有助于促进本国和地方经济的发展。本地的许多公司都是社会企业，或者是具有环保和伦理观念、以实现社会目标为责任的企业。

按：社会企业不是纯粹的企业，也不是一般的社会服务。它通过商业手段运作，赚取利润用以回报社会。

按：企业伦理又称为企业道德，系指任何企业之经营必须以合法方式营利。企业的伦理管理就是要求企业管理者在经营全过程中，应主动考虑社会公认的伦理道德规范，建立并维系合理、和谐的市场经济秩序。

选择购买公平贸易产品能够确保生产者拥有良好的工作条件，并能从总利润中获得一个公平的比例。通常公平贸易产品来自于发展中国家，通过建立社会企业发展生产，造福当地人民。当你购买了那块公平贸易的巧克力块时，你可曾想到，你可能正在帮助厄瓜多尔的一位母亲在没有遭受剥削的情况下获取收入来养活她的家人？

沿着商业街漫步时，您会发现繁多的大型名牌商店之间零星点缀着曾经为当地独立零售商经营的、而今废弃的商铺。当地小企业发现很难与这些大人物竞争，于是被迫从该行业中退出。如今大家要购买食品就不得不去大超市，而不是当地的小商店。为了当地经济的生存和发展，我们要尽可能地购买本地区生产的产品，使用本地区人民提供的服务。

> 按：公平贸易是一个基于对话、透明及互相尊重的贸易活动伙伴关系，志在追求国际贸易的更大公平性，以提供更公平的交易条件及确保那些被边缘化的劳工及生产者的权益（特别是南半球）为基础，致力于永续发展。

 ## 健康效益

媒体充满了对与饮食和生活方式有关的疾病的报道：如心脏病、肥胖症和癌症。如今，患皮肤和呼吸系统疾病如过敏、哮喘和湿疹的人比以往任何时候都多。虽然研究已经证实健康和饮食之间存在密切的关系，然而，关于我们从环境中吸入的物质和通过皮肤吸收的成分与健康之间的关系却不那么明了。尽管如此，仍有一些证据表明家居清洁用品和个人卫生品中含有的多种化学物质可能会引发某些疾病。请记住：为了达到清洁和健康的目的，我们并不需要发出像泡泡糖或桃子那样的香味。为了保险起见，请慎重使用它们。对于不放心的产品，干脆弃之不用。控制你的化学环境是为你的孩子营造健康生活的重要的一步。

 **金钱问题**

许多人都以为环保意味着大量的初期投资或者高价购买优质产品。实际上从金钱的角度来说，绿色的生活方式会帮助你节约大量的费用。通过合理安排需求，循环再利用，与本社区的成员分担费用，你可以节省数万元。仅仅母乳喂养和使用布尿布两项，两年下来，你就可以节省大约2万元。

众所周知，我们在生活方式上所做的细小的改变不会对整个环境和世界产生多大的影响。但是请注意，情感上的变化会影响我们与家人的关系，同时也改变了我们与环境和社区的关系。本书每个章节都论及了家庭关系、工作与生活的平衡、伴侣、家人和朋友的重要作用。因为它们是绿色育儿生活不可缺少的内容。

请记住：点点滴滴都起作用。要敢于标新立异，树立一个标准，并坚定自己的信仰。

 如何使用这本书

你将发现整本书都在讨论绿色的事情，但是绝不会有任何高调的宣讲。绿色的选择应该是有趣的、实用的、明白易懂的，并且尽量便宜、方便。成为绿色父母，做出必要的改变，并不意味着要对你的生活方式做巨大的改变。你不必用大盆煮布尿布，或者卖掉汽车改换一匹拉货车的马（除非你确实想要这样做)。

合理安排需求

本书的每一章从不同的方面概述了绿色育儿法，其中很多信息有助于您和您的家人做出最佳选择。

绿色育儿指南

为了确定最适合的育儿方案，本书每一章的结尾处都有一个绿色育儿指南，由三个部分组成。第一部分是为那些不愿意花费太多的成本和精力的人准备的。第二部分是给那些计划在他们的生活方式和预算所能允许的范围之内做出合理改变的人；第三部分是给那些想做大的改变并且真正投资于绿色选择的人。您只需简单地选择最符合你的类型，然后阅读本书中各章节所给出的相关建议，不论是治疗发炎的乳头还是寻找有机酒，本书为您提供了简单的办法和有益的建议。

绿色育儿指南

❀ 我希望事情越方便、简单越好，同时又想节省金钱，尽我所能为我的家人做到最好。

❀❀ 关于食品、健康和环境之类的新闻让我很担心。我想更深入地了解这些问题，做出适合我和我的家人的自然选择。我会尽我所能，但是前提是必须简单方便。

❀❀❀ 我已经尽可能做到循环再利用了。我具有环保和伦理观念，希望容易获得我所需要的信息，为我的家庭和环境做出最大贡献。

 **事实栏**

本书的某些章节包含一些信息栏，其中的事实能够帮助你做出更为明智的决定。这是本自助式的指南，而不是政治宣言，因此您完全不用担心，它们只是帮助您及时了解情况的一些基础知识而已。

 重要提示栏

为读者提供环保建议，从而使绿色育儿变得更加容易。

本书提供的信息与每一位期待孩子降临的家长息息相关。不管是准祖父（母），父（母）或者养父（母），他们首要关心的问题都是一样的：把最好的东西给挚爱的宝宝。请注意，在谈到孩子的问题时，本书交替使用了"他"和"她"这样的代词。这仅仅是为了方便，而不是因为被讨论的问题存在性别区分。同样的，对"你"的称谓也有不同的理解：有时认为"你"是读者，有时又假设"你"是一位准妈妈。需要再次说明的是，这么做仅仅是为了方便。我衷心希望每位阅读此书的人都能找到适合你们的建议。绿色育儿社区欢迎您！

> "知道因为你的存在，有人能活得更好，这就是成功。"
> ——拉尔夫·瓦尔多·爱默生

第一章 受孕和妊娠

在本章中您将了解：
- 如何最大限度地增加自然受孕机会
- 如何保持孕期健康
- 如何处理孕期腹绞痛
- 夫妻如何共度难关

关于育儿，人与人的体会有所不同。何谓父母以及父母之道，不同的种族、宗教、文化和性别的人，会持有不同的观点。不管您是否初次怀孕，计划妊娠还是意外妊娠，也不管您是单身还是有配偶，生育子女可能是您所做过的最了不起的事情，所以何不帮助您和家人以最健康同时也是最可行的方式开始这段旅程呢？

绿色妊娠就是以最自然也是最实用的方法解决身心健康的问题。每位妇女妊娠时的感受都不同，因此无法准确地描述未来要发生的情况。可能有的孕妇会感到充满活力，生机盎然，而另一些妇女却觉得自己像一麻袋土豆，智商只有小型啮齿动物那么高。不管怎样，与别的母亲分享你的想法、感受和体会，这是最佳的解决办法，也会给你带来巨大的支持。妊娠会引起激素的不断改变，但是，随时了解情况，不断做好规划，合理安排需求，将有助于你平静地对待这个过程，并且以尽可能自然的方式保持健康。

 ## 怀孕准备

最重要的是夫妇双方的身心都非常将康。这似乎是一条很基本的忠告，但是我们通常没有意识到自己的生活方式对身体有多大的影响。

补充剂

医疗卫生人员都建议妇女在怀孕前和妊娠 12 周之内服用叶

酸（维生素 B_9）。叶酸对于胚胎的健康发育是至关重要的。它可以降低患上某些疾病如脊柱裂的风险。如果体内缺乏锌、铁和维生素 C，人们可能希望在饮食之外摄取补充剂。但是，通过食补才是更好的选择。以下是关于富含叶酸、锌、铁、维生素 C 和 omega–3 系列脂肪酸的食物的粗略的指南。这些食物对健康十分有益，希望也有助于受孕。

> 按：Omega-3 脂肪酸是一组多元不饱和脂肪酸，常见于鱼类和某些植物中。这种脂肪酸对心血管健康和脑功能有重大帮助，并可促进正常生长与发育。Omega-3 脂肪酸包括 EPA（二十碳五烯酸）、DHA（二十二碳六烯酸）及 ALA（亚麻酸）。

叶酸：

猕猴桃，干豆，豌豆，小扁豆（兵豆），橙汁，深绿色蔬菜，大豆坚果，油梨（鳄梨），西兰花，芦笋。

铁：

肉，海鲜，梅汁，干豆，麦芽，燕麦片，豆腐，大豆坚果，谷物。

锌：

乳制品，菜豆和小扁豆，酵母，坚果，种子和全麦谷物，南瓜子，红肉。

维生素 C：

柑橘类的水果和果汁，草莓，柿子椒，西红柿，深绿色蔬菜，花椰菜，抱子甘蓝。

Omega–3 系列脂肪酸：

鲑鱼，核桃，亚麻子，绿色叶状蔬菜。

饮食

饮食对我们的身心健康和保持活力至关重要，甚至会影响受孕的机会。一些食物据信具有很强的刺激性欲的作用。在饮食方面通常给母亲们的建议是限制咖啡、茶和酒精的摄入量，最好避免饮用（除非偶尔饮一点葡萄酒）。尝试喝一些中药茶和麦芽饮料。为了平衡膳食，应减少乳制品和肉类的摄取，食用大量的坚果、种子和豆类。它们是omega–3系列脂肪酸和必需脂肪酸的重要来源，而这两种元素对于胎儿的健康发育十分重要。尽量购买有机食品（详细内容请参阅食物一章）。每天饮用至少2到3升的水，可以帮助你的身体排出毒素，最大限度地吸收食物中的营养物质。下列表格粗略地介绍了一些有助于受孕的食物。

> **重要提示**
>
> 男性每天应该摄入15毫克的锌和至少1000毫克的钙，并且吃富含维生素E的食物，比如橄榄油和小麦胚芽。男性和女性都应该避免接触酒精、咖啡因以及吸烟。

男性	牡蛎中的锌含量超高。锌对于男性保持最优精液和血睾酮水平至关重要。维生素E含量丰富的食物如：小麦胚芽油，干烤的杏仁，红花油，玉米油，芜菁，叶类蔬菜，芒果，烤花生，西兰花，猕猴桃，菠菜，都能够提高精子存活率和活力
女性	似乎没有特别为女人准备的能够提高生育能力的食物。然而太胖或太瘦都会影响女性的生殖能力。大量的食盐、咖啡因、尼古丁和酒精的摄入也会对她们的生殖能力产生影响。想怀孕的妇女也应该避免食用人造甜味剂。一些研究表明食用大量的豆腐也可能影响生育，所以如果你是素食主义者或绝对素食者，可以通过摄入其他形式的蛋白质而避免过多地食用豆腐
性欲	芹菜，生牡蛎，香蕉，鳄梨，扁桃，桃子，草莓，鸡蛋，新鲜的无花果，大蒜，巧克力
解毒	甜菜根，萝卜，洋蓟，卷心菜，花椰菜，芝麻，螺旋藻，海草，绿茶，绿叶蔬菜，柠檬，水田芥和大蒜

锻炼

锻炼是十分必要的。如果你经常参加比较激烈的运动，应该考虑将运动强度降低，或将一些高冲击运动改为瑜伽或普拉提训练。如果你还没有开始运动，为什么不通过一些不太激烈的运动比如游泳、瑜伽、普拉提、健步走或太极来保持健康呢？研究表明，肥胖和高血压能影响人的生育能力，所以有必要密切关注自身的健康状况，并通过锻炼增强身体循环系统功能。

休息

睡眠可以减轻前一天的压力并且帮助身体恢复活力。夫妇双方要确保每晚至少睡 8 个小时。

> **重要提示**
> 记住，每晚要保证睡 8 个小时——夫妻双方！即使这意味着错过一个你最喜欢的节目。

确保你和你的伴侣尽量地放松。即使面临压力，也要试着给自己减负。每个人需要一段独处的时间，即使只有 10 分钟。放松一下，出去散散步，在卧室里静思，读读书或者干脆做会儿白日梦。如果愿意，还可以尝试静修。放松的时候你可以听音乐，点燃蜡烛，以此来增加气氛，但是这些决不是放松的必要手段。与伴侣共度时光时，可以一起玩个游戏或者读书。此外，别忘了还可以一起听广播，这种时常被大家遗忘的媒体有时会播出优秀的剧目、音乐和喜剧。

交流

可以通过言语、接触和其他行为进行。交流对于维系良好的人际关系十分重要。它帮助对方了解彼此的需求、希望和恐惧。你可以在辛勤工作一天之后与伴侣聊聊天，向对方表明你理解他（她）的感受，这样做大有裨益。倾听对方的心声会拉近彼此的距离。抽时间给对方做个简短的颈部按摩，甚至给对方一个意想不到的拥抱，都可以帮助你们轻松身心，增加亲密感。帮助对方做做家务活。用意外的惊喜吓吓她。

远离毒素

生活中尽可能远离毒素，包括双方使用的洗浴用品和化妆品，清洁用品，家具和装修，空气和噪声污染以及食物。研究表明某些环境和家居污染会影响生育能力。它可能不是最终结论，但是有一定的参考价值。为什么要花费那么多金钱购买一大堆的化学制品？事实上，没有它们，你同样可以快乐而健康地生活。

确保中央空调的温度不要太高，而且要经常通风。蜘蛛吊兰是净化空气的最好的家居植物。它们不仅容易养，而且是自然的过滤器，能够吸收室内的化学物质，比如甲醛、苯和三氯乙烯，把它们的浓度降低（高达90%）。植物还可以分解别的污染物，比如香烟烟雾、一氧化碳、有害病毒、细菌以及霉菌孢子。别忘了关掉电脑、监视器和其他任何处于待机状态的电器用品，这样你不仅可以节约费用和能源，还能减少另一种形式的污染——电磁场污染。欲了解更多关于电磁场污染，以及如何避免生活中其他毒素的侵害的信息，请参阅第十章。

研究成果

绿色生活是返朴归真的，许多理论和研究又是全新和前沿的，因此需要我们不断进行知识更新。知识就是力量。博学多识的人才是真正强大的人。

孕前计划以及自然孕育法

这些措施保证了妊娠尽可能快地、自然地发生。孕前计划包括由专家为夫妇双方制定的为期4~6个月的有机膳食食谱。它基于一系列的营养测试结果而制定,有助于身体排出毒素并且恢复到最佳状态。

自然孕育法还包括监测女性的月经周期、体温、阴道排出物和子宫颈,并以此确定她何时最易怀孕。这些方法可自学,并且可以在家中进行,而不需要购买排卵检测套装。你可以从书本和网上找到很多关于如何确定排卵日期的方法,或者向医生咨询。

受孕困难

压力、膳食、以往的避孕方法、年龄、激素问题、吸烟、酒精和肥胖都可以造成受孕困难。你可能听过这样的新闻报道:男性精子数的减少与饮用水中的毒素、农药和生活方式有关。早一点行动起来,尽快改变你们的饮食和周围环境,从而顺利受孕。

如果你一直努力让自己怀孕却并未成功,那么保持镇静是非常重要的。当夫妇双方急于要孩子时,这种压力通常能拖延怀孕时间。总的来说,如果你试图怀孕长达一年或更久都未成功,那么你将被诊断为有生育问题。

很多诊所采用自然的、关怀式疗法,比如饮食、生活方式、自然疗法以及想象放松和运动技巧。你也可以联系当地的治疗中心，采用草药疗法、针疗和物理疗法。它们都被证明对受孕有帮助。欲知各种治疗方案，请阅读第七章。

 妊娠

妊娠，特别是第一次，有一种让人难以置信的感觉，不仅对母亲，对于配偶而言也是如此。要想为未来的 9 个月做好万全的准备似乎不太可能。几乎本章的所有建议都适用于夫妻双方！

请尊重这个事实：一个生命在您的体内正在生长，因此请善待自己的身体。孕前制定的食谱和锻炼计划同样适用于妊娠期。孕妇会经历许多不同阶段，很多会出现情绪的起伏。无论你感觉如何，请记住这些都是自然的。如果你没有把握，大胆地向你的医生询问。在现代生活中，我们时常会随着信息潮和某些处事方式随波逐流，在健康方面也是如此。虽然这些医学信息是必不可少且有用的，但是看待问题的方式总是不止一种。

重要提示

如有疑问，你应该向医生或其他保健专业人士咨询，直到获得信心。请不要犹豫！记住：只有掌握了相关知识，才能做出明智的选择。

准备一本详细地描述妊娠不同阶段以及可能出现的各种问题的好书。如果经济条件允许，尽量参加"主动生育"的培训班。可能的话，最好和你的伴侣一起参加。这些课程给大家讲

授妊娠和分娩的知识，以及如何以最自然的方式完成整个过程。"主动生育"课程的目标在于：通过采取最自然的分娩方式，包括从按摩到分娩的姿势，使你能够控制孩子的出生过程。你和你的伴侣将学会如何按摩和有效的呼吸，从而以自然的方式辅助分娩。同时，你也将了解医院给你使用的所有药物可能产生的副作用。

认识自身和胎儿正在发生哪些变化，有助于你向健康专家提出恰当的问题，并能够随时了解自己的妊娠和分娩状况。怀孕时过分的担心和小心与无知一样糟糕。因此，要保持适度的敏感，但不要做得过火，以免引起不必要的紧张。请记住，绿色的生活方式十分实用，它会带给你一个健康的未来，所以做你想做的事情，成为你想成为的人。你当然可以选择是否做绿色父母。小异会带来大不同。

早孕，问题和自然疗法

如有可能，尽量采用自然疗法治疗常见的小毛病。除非十分必要，否则尽可能避免使用抗生素，因为它们会打破体内已经建立起来的微妙的激素平衡，并导致口炎性腹泻。必要时请专家做精确的诊断，然后你可以运用自然疗法治病。除非绝对必要，否则请不要采用药物治疗。关于所有常用的自然疗法的信息，请参阅第七章。针对妊娠期间出现的常见疾病的自然疗法请见以下几页。当然，你也可以不采用这些疗法，因为妇女在妊娠期间具有一种天然的保持健康的能力。此外，准爸爸们可能会出现妊娠伴随综合征，如果是这样，施以同样的疗法。

自然疗法会与身体的自愈机制协作，最大限度地增强机体的抵抗力，从而帮助患者从小病中自然地恢复健康。采用这些疗法的好处在于，如果使用正确，对人体无毒副作用。自然疗法强调整体治疗，即要与身体健康、心理健康、饮食和锻炼联合发挥作用。因此对不同的治疗方案，每个人的反应也稍有不同。

> 按：在我国，中医是理论系统最完善的自然疗法。针灸和中药都有良好的效果。请咨询正规医院的执业中医师，在保证孕期安全的前提下解决妊娠不适问题。

背痛

【起因】体重增加和体形改变。

【自然疗法】

·瑜伽与普拉提能帮助你保持更好的姿态——缩臀，肩膀挺直而放松，站立时腰部不向前凸。

·准备一双舒适的鞋子，必要时加上鞋垫，能够帮助你纠正姿势。

·芳香按摩疗法——玫瑰，天竺葵，薰衣草和罗马菊结合基础油混合使用。

·整骨疗法。

·针刺疗法。

·芳香疗法。

便秘

【起因】由于婴儿的重量和形状给肠道带来的压力。

【自然疗法】避免食用小麦，多吃干果，饮足量的流质，喝红树莓叶茶（仅在妊娠晚期）。

痔疮

【起因】便秘、压力和缺乏营养。

【自然疗法】金缕梅冷敷。

口炎性腹泻

【起因】激素的改变，常规抗生素的使用，妊娠期间免疫系统高负荷工作。

【自然疗法】

·春黄菊、茴香或百里香叶鞘敷贴；食用天然酸乳酪和大量的生鲜食品；大蒜；橄榄油按摩阴部；茶树油。

·穿棉质的内衣和宽松的衣服。

·尽量不食用各种糖类如蜂蜜和糖浆。

精疲力竭

【原因】激素的改变，精神状态。

【自然疗法】

·指压。

·芳香疗法（在洗澡时滴上几滴依兰油、茉莉或薰衣草精油）

·锻炼，尤其是游泳或者瑜伽，可以使你精力充沛，同时也要保证良好的睡眠（为了取得最佳效果，避免晚上上课）。

贫血症

【原因】需要不断增加营养以维持两套生命系统的需要。

【自然疗法】饮用荨麻茶、红树莓叶茶（仅在妊娠晚期）；食用富铁的食物如水田芥、南瓜种子和燕麦；同时，还需要补充维生素C，它可以将身体中的铁分解成可吸收状态，因此在食用富铁食品的同时，一定要补充足够的水果和蔬菜。

骨盆疼痛

【原因】宝宝成长对母亲肌肉和韧带的压力。

【自然疗法】

·按摩。

·通过设在皮肤上的电极输入一种电子脉冲波，可以减轻疼痛。效果因人而异。

腕管综合征

【原因】孕期激素的特殊变化引起骨关节部位水钠潴留，导致附近软组织水肿，由此引起腕管内正中神经受到压迫，可以造成麻木、刺痛、发热，手指、手、腕关节甚至从胳膊到肩膀都感到疼痛。在一些严重的慢性病个案中，患者会感觉手部不灵活、无力。

【自然疗法】

·避免从事强度大的、需要频繁手部动作的活动。

·在工作时带上腕带——如果使用电脑，请调整椅子的高度，这样敲打键盘时手腕不致自然下垂。使用特殊的人体工学键盘有时对你会有所帮助。休息的时候伸直双手。

·改变睡觉姿势——将痛的胳膊垫起来，睡觉时不要压着手。走路时摆摆手来缓和疼痛或减轻麻木。

·瑜伽可以帮助缓解疼痛，增加手部力量。

妊娠纹

【原因】膨胀的腹部皮肤过度伸张可能会导致出现明显的痕

迹（先变红以后变银色），取决于皮肤的弹性。

【自然疗法】

· 芦荟油凝胶——直接取自叶子，或去保健食品商店购买100%凝胶，直接涂抹于腹部、大腿和臀部。

· 富含锌的食物——南瓜、大麻的种子可以改善皮肤的弹性。

· 椰子和玫瑰油可以增加隆起部分皮肤的水分。

晨吐

【原因】由于激素的变化，控制胃液的门弹性增大，从而不能十分有效地工作。

【自然疗法】

· 针刺疗法。

· 指压按摩：进行穴位按摩。

· 芳香疗法：在纸巾上滴上几滴生姜油或薄荷油。其散发的气味可以减轻恶心的感觉。

· 食用生姜、喝姜汤，食香蕉、谷类食品、小扁豆和鱼来补充维生素 B_6 都可以缓解呕吐感。

胃灼热和消化不良

【原因】同上。除此以外，来自胎儿对横膈膜产生的压力。

【自然疗法】

· 甘菊茶。

· 茴香茶。

· 避免油腻、辛辣的食物和酒精。

· 瑜伽和普拉提可以帮助你保持更好的姿态，并减少胎儿对横膈膜的压力。

牙龈出血

【原因】营养需求的不断增加和激素的变化。

【自然疗法】多食富含维生素C的食物，饮红树莓叶茶（仅在妊娠晚期）。

失眠

【原因】激素的变化；晚上活跃的孩子；妊娠晚期的周身不适。

【自然疗法】

·芳香疗法：用喷香器喷发薰衣草、橙花油、玫瑰油和基础油的混合香精油。

·睡前饮用甘菊茶有助睡眠。

·房间通风良好。

·户外运动。

·睡前不要看电视，可以阅读书籍。

·拔掉所有在卧室的电器设备。

·睡前饮用芹菜汁或加了蜂蜜和苹果醋的温水。

液体潴留和肿胀

【原因】激素变化，血细胞中矿物质失衡导致肿胀。

【自然疗法】

·尝试蜜蜂疗法或者使用幼盐。

·小腿按摩。

抽筋

【原因】循环不好；缺钙可能导致手部、小腿、足部和大腿抽筋。

【自然疗法】

·小腿抽筋饮用荨麻茶；定期食用加入了大蒜的膳食。

·每日小腿按摩。

静脉曲张

【原因】身体内血液的增加，作用在下腔静脉的外加体重和压力导致了下肢静脉压力性扩张。

【自然疗法】金缕梅冷敷；柠檬汁敷。

紧张和情绪波动

【原因】激素变化和/或即将为人父母的复杂情绪。

【自然疗法】

·芳香疗法：天竺葵混合茉莉花油是改善情绪的天然疗方（加入基础油用喷香器喷发）。

·锻炼。

膳食和锻炼

妊娠期间的营养和锻炼比受孕时期更为重要。当胎儿还生活在子宫里时，你可以通过提供许多健康食品帮助他/她的成长，并且确保他们的临时居处（也就是孕妇）尽可能地健康，从而为他们创造一个最好的人生开端。坚持使用受孕时期制定的食谱，同时还要继续补充叶酸。孕妇应该多喝水。在怀孕的最后三个月，饮用红树莓叶茶，有助于分娩。避免食用油腻和酸性的食物。随着妊娠的继续，孕妇会感到恶心、消化不良。多食用不含酸性物质的食物有助于减轻以上症状。少食多餐，定时进餐。避免食用加工食物。健康专家们建议孕妇应当不吃软质蓝干酪、肉酱、生鸡蛋或半熟的鸡蛋。可以喝酒，但是极少量，每次一两杯，每周一两次就足够了。同样的，未脱咖啡因的茶和咖啡应当尽量少喝。千万不要抽烟和吸毒。

妊娠早期尽可能多散步，不仅有助于孕妇保持健康，而且与开车相比，对环境大有好处。除此以外，还无需花费任何费用！通过户外活动，孕妇接触了大量的自然阳光，对腹中胎儿骨骼的健康发育十分重要。阳光会促成维生素 D 的合成，保证了孕妇的头发、牙齿、指甲和骨骼的健康。

随着妊娠月份的增加，你可以考虑参加产前瑜伽班。瑜伽是一种有助于分娩和保持放松的好方法。在接受培训的同时，你也结识了别的准妈妈们。普拉提也是一种很好的运动方式。它的运动强度不是特别大，讲究控制过程，有目的地针对骨盆底肌进行锻炼。盆底肌因此会变得更有力量，从而有助于你更好地控制分娩过程，产后恢复更快，并且能够把未来患膀胱疾病的可能性降到最小。到妊娠末期，你还可以参加水中分娩课程，它会帮助你进行非常温和、放松的练习。一些人相信，腹中的胎儿也很享受它！避免做一些会对脊柱产生压力的激烈的运动，比如：跑步（妊娠晚期）、骑马和蹦床练习。

锻炼和保持活跃固然很好，但是孕妇同时必须保证给自己留出充分的时间休息和放松，比如洗个热水澡，但是水温不要太高。如果你感到疲惫，或工作压力大，那么请在妊娠 28 周后就停止工作。不要忍受单调的朝九晚五的折磨了。好好享受美好的怀孕时光吧！

与胎儿的共鸣

怀孕到第四个月时,胎儿就开始能够听到声音了。到第六个月时,她的眼睛就会睁开了,而且,当你抚摸隆起的腹部时,她会做出反应。尽管令人难以想象,但确实有可能在如此早的时期,亲子关系就已经建立起来了。

用椰油按摩隆起的腹部,和她说话,给她唱歌,这些都可以帮助你和孩子之间建立稳固的感情联系。研究表明,刚出生时孩子会对他们在子宫里听到的有规律的声音做出反应,而且这些声音还可以起到稳定情绪的作用。最好在睡觉时把你给孩子准备的衣服放在身边。这样不仅可以确认面料上是否还残留有任何化学物质(请参阅第八章),同时熟悉的气味还可以让你的孩子感到安心。

> **重要提示**
>
> 妈妈们可以把一个附和球(内装铃铛的银色的小球)或类似的东西挂在胸下。孩子出生后,它发出的声音可使她安静下来。

妊娠期间的心理健康

正如前文所述,一些孕妇在妊娠期间情绪会有很大波动。有时她感觉自己像大地之母,体态丰腴,头发浓密闪亮,皮肤光泽红润。随后,你知道么,她会坐在沙发上,感觉自己像一袋参差不齐的、圆不溜秋的土豆,大白天看着肥皂剧抹眼泪。

没关系，这很正常！经常锻炼和健康饮食有助于孕妇走出情绪的低谷。在孩子没出生前母亲常常是自己搬家，而身边没有亲人和朋友帮忙。尽量参加当地的活动小组或者培训课程。如果经济上有困难，可去社区中心、图书馆、医生的诊室和医院寻找免费的或提供资助的活动。所有的医院都举办产前培训班。与此同时，了解医院是否还提供其他的家长课程或活动小组。

当你感到力不从心的时候，为什么不去做一个按摩？如果你无力承受费用，请你的伴侣或者热心的朋友帮忙。换个发型或者尝试一些新的美容产品。如前所述，尽量不要使用化学产品，尤其是染发剂。

购买二手衣服是具有绿色观念的时髦妈妈们采用的做法。这样做不仅便宜，而且有助于保护环境。没有比买上几件新衣服使你感到更高兴的了。

如果你很郁闷，找个人去倾诉一下，因为卸下心理包袱是感觉舒服的第一步。因此尽量与别人多联系，之后你会惊奇地发现有许多人跟你感觉是一样的。

妊娠期间的伴侣指导

如今，尽管许多妇女出于自愿或其他原因选择独自承担育儿重任，在妊娠期间丈夫的作用仍不容忽视。虽然怀孕的是妻子，丈夫依然可以承担起一些责任，比如经济、家庭事务，当然还要关心母子的健康以及考虑如何做一名好父亲。

除此以外，夫妻关系的变化也值得关注。因为怀孕妇女的激素和情绪的波动，夫妻间情感会发生一些改变。这些都是正常现象，并且可以得到有效的解决。

确保一周至少有一次机会可以和伴侣单独相处。你们可以分享对未来怀有的希望、担心和喜悦。共同参加孕妇学校比如主动分娩培训班等。这些活动把你们紧紧连在一起，并且教会了你们如何处理妊娠、分娩和早期保育中可能出现的问题。

随着妊娠月份的增加，尽可能地了解她所经历的变化，给予她帮助而不是妨碍或惹恼她。这会有助于你提前做好准备，在孩子出生的时候，帮助母亲承担起一部分责任。如果你已经有孩子了，把他们也调动起来。这样做不仅可以加深你和孩子们之间的感情，而且在婴儿出生后，他们也会有一种参与感和被需要感。

请记住，夫妻双方应当共同度过这一生中的特殊时期。尽管丈夫在生理上不能怀孕和分娩，但是有些人也随着妻子出现同样的不适。因为受了怀孕妻子的影响，丈夫也出现了烧心和肿胀的事情也不奇怪。自然疗法同样适用与他们！

绿色育儿指南——受孕和妊娠

♣ 不要做过于激烈的运动。大量喝水。不食用腌制食品。不食用含有脂肪和精制糖的食物。食用叶酸补充剂，多吃水果、蔬菜和每天饮用至少两升水以提高免疫力。绝对不要吸烟和毒品。限制摄入咖啡因和酒精。家里尽量避免使用刺激性强的化学物质和清洁剂。保持室内通风。抽出时间放松自己，做做按摩或者与腹中的胎儿对话、唱歌。

♣ ♣ 食用富含叶酸、铁、锌、维他命 C 和必需脂肪酸的食物。抽一些时间放松自己，或与你的伴侣共度时光。在平常的运动计划中增加瑜伽、普拉提或者散步。和伴侣进行口头和书面交流。避免食用含有化学物质的洗漱用品和化妆品。尝试用自然疗法治疗妊娠期间的小毛病。进行孕期按摩，参加产前瑜伽班。

♣ ♣ ♣ 购买新鲜的有机食物。监测月经周期，确定受孕高峰期。留出时间冥想和放松。制定孕前计划。彻底清除生活中的有毒物质。尽量食用有机蔬菜。使用天然油脂按摩和燃脂。参加主动分娩课程。坚持定期冥想，将注意力集中在如何自然而轻松地进行分娩上。

第二章 分娩

在本章中您将了解：
- 怎样选择分娩方式
- 分娩期间需要哪些帮助
- 如何以自然的方式分娩

绿色分娩真正的含义就是尽可能以自然的方式生产。你可以播放音乐、点燃蜡烛、薰香，使用分娩池，如果这就是你对绿色的理解。或者你可以去所选择的医院、在不受任何干扰的情况下进行分娩。你有权利选择，没有人会对此说长道短。请记住你的目标就是尽量以自然的方式分娩并享受这个过程。

 ## 分娩计划

分娩应该是世界上最自然的事情，尽管给人的感觉并非如此。这不是一个人的失败。不同的人对此会有完全不同的体会。尽管医学科学的进步使得越来越多的孩子安然度过了婴儿期并长大成人，妇女们却似乎疏远了大自然赋予她们的分娩的本能。我们人类只能在一定程度上掌控自然，使医学结合本能。然而不幸的是，二者常常背道而驰。

选择自然分娩的好处在于：一方面你可以主动控制分娩的过程；另一方面，你可以利用医院甚至救护车上的医疗设施辅助分娩。分娩时尽量避免使用不必要的药物，以确保母婴大脑清醒，同时有助于帮助促进母子间亲密关系、母乳分泌和产后恢复的激素充分发挥大自然母亲所赋予的作用。然而，我们只能在一定范围内对自然加以掌控，因此，制定分娩计划固然重要，但请不要抱过高的期望。多听听来自各方的意见，做好万全的准备。万一计划发生改变，希望越大，失望越大。无论什么时候，母子安全大于天！确保你所做出的每个决定都是安全的，让每个人都放心。

当医生确认你怀孕后，就会约你做体格检查和超声波检查，通常在怀孕 11 到 16 周进行，取决于你生活的国家。超声检查的目的在于观察胎儿是否正常生长。如发育异常，家长便会得到通知，并就孩子的去留问题做出艰难的抉择。超声检查有时可能不准确，因此有些父母相信无论孩子有什么异常，他（她）仍然有权出生并长大成人。还有些父母不愿意接受超声检查。你可以选择做还是不做，但是，健康专家们还是建议你去做这样的检查。如果这是你的第一个孩子，当你看到一个如此娇小的婴儿在水中来回摆动身体时，你会感到多么地吃惊！从那一刻起，你真正地与你腹中生长着的小生命建立起亲密关系。

与此同时，父母们会获得许多关于婴儿成长的过程以及为人父母之道的客观详尽的临床资料。大量的材料由一些营销公司独立制作或代表院方提供，内容全都是传统的建议和大众市场的产品广告。事实上，只要有爱、温暖和食物（可能的话使用母乳喂养）就足以使你成为一位称职的父（母）了。请不要在迫不得已的情况下购物。做你认为正确的事情，购买你真正需要的产品而不是你认为你所需要的。

检查、干预和新生儿治疗

妊娠和分娩过程中母亲和孩子都需要接受这样的检查。关于它们的有效性和副作用存在许多相互矛盾的研究结果，请充分地了解情况。有些父母为了做到自然，不愿意接受一些检查，如果是这样，你必须有绝对的把握，因为任何的并发症都可能使你产生自责和犯罪感。为了帮助你了解情况，下面简单介绍一下母婴将进行的检查、干预和治疗项目，可能产生的副作用以及相应的自然疗法。

内诊

分娩过程中常通过内诊判断产程。它可能带来不适并伴有微创。

【自然疗法】

· 在自然的、正常的分娩过程中，极少需要这项检查。

· 确保每次的检查都是在宫缩间隙进行的。询问大夫检查时能否让你站在床边而不是躺着，并将一只脚搁在床或椅子上以减轻疼痛。

引产

如果产程进展缓慢或者胎儿迟迟不能娩出，医生就会实施引产。引产所造成的强烈宫缩可能使某些孕妇无法忍受而需要使用止痛药，导致胎儿窘迫。引产同时需要对胎儿进行监测，这样也会使母亲感到紧张，进而影响分娩速度。如果引产失败了，可能就要进行剖腹生产手术。

【自然疗法】

· 做爱——精液中的激素可以软化宫颈。

· 锻炼，特别是瑜伽或者散步。

· 灌肠剂。

· 一两杯葡萄酒、辛辣的食物。

- 针灸。
- 宫颈按摩（请助产士帮助）。
- 乳头的刺激。
- 草药疗法：比如黑色和蓝色的类叶升麻茶、红树莓叶茶；每天三粒月见草油胶囊，连服一周。

产钳或真空吸引术

这是一种医疗干预手段，利用金属夹钳或者负压吸引术将婴儿缓缓地从阴道中取出。它可能引起母亲和婴儿的疼痛和不适，而且还可能压迫婴儿的头颅骨和脊椎。

【自然疗法】采取直立或平卧的姿势进行主动分娩。生产的过程中尽量避免使用药物。这样做会减少使用产钳或真空吸引术的可能性。

胎儿电子监测仪

在妊娠晚期或分娩过程中，胎儿电子监测仪可用来监测胎儿的心搏和呼吸速率。但是，对结果的错误理解可能导致不必要的干预。而且，在使用监测仪的情况下，产妇在分娩期间受到限制，不能下床走动，因此影响她采用最佳的分娩姿势。

【自然疗法】除非母亲或胎儿健康有问题，或已经进行了医学介入，否则持续监测通常是不必要的。一般情况下只需要偶尔进行监测。为了不影响母亲自由活动，可使用手持或无线的监测仪。

维生素 K 滴剂（婴儿）

通常在新生儿出生后的前几周内给予维生素 K 滴剂。这是因为，所有的哺乳动物，包括婴儿，从母亲处获得维生素 K 的量很少。这是一种促进血液正常凝固的重要维生素。维生素 K 缺乏会引起新生儿出血性疾病。还有些婴儿可于出生 12 周内发病。对患儿应尽早给予维生素 K 治疗，从而摆脱死亡的威胁。同时，维生素 K 还被证明能够有效地阻止该病的恶化。

然而，也有人认为维生素 K 会增加幼儿患白血病和其他癌症的可能性，并会提高患黄疸的几率。

【自然疗法】母亲应该合理安排膳食，多食用富含维生素 K 的食物，比如绿色蔬菜，紫花苜蓿，海藻，绿茶和适量的奶制品，降低婴儿患这种疾病的风险。

苯丙酮尿症（PKU）筛查（婴儿）

PKU 筛查通常在婴儿时期（通常在出生后第一周内）进行，以确认婴儿没有患上苯丙酮尿症（无法代谢动物蛋白和奶产品中的氨基酸）。该病如果不加以治疗，就会导致患儿多动、湿疹、惊厥、抽搐和身体发育迟缓。检验时需从婴儿的脚后跟处提取血样，这样可能会使新生儿感到痛苦。

【自然疗法】研究表明，通过静脉穿刺的方法提取血样（将细小的针头扎进静脉）会使婴儿痛苦减轻，因此，请求医生使用这种方法，并在采血时抱紧孩子。

外阴切开术

在分娩过程中有时需要施行外阴切开术,它是通过在会阴处做一个小的切口(阴道和肛门之间的皮肤和肌肉)使阴道扩大。这会给孕妇带来不适,并伴有创口。恢复的过程比较痛苦,伴有感染的危险,并且可能导致裂口进一步增大。

【自然疗法】

· 分娩计划书中明确表示不同意接受外阴切开术,并告知护理人员和医务工作者。

· 大量食用含有蛋白质、维生素 E 和脂肪酸的食物。怀孕期间尤其要补充 omega-3 系列脂肪酸。

· 进行有规律的运动,包括骨盆底运动(向你的助产士咨询更多的细节)。

· 会阴部按摩,特别是在怀孕的最后 6 周里。维生素 E 油或者橄榄油都很有效,尤其在沐浴后效果更好,因为沐浴会使皮肤组织松弛。

· 分娩期间使用按摩油按摩会阴,并进行暖敷放松组织。

· 请助产士托压会阴部(在分娩期间托压过度伸张的会阴)。

· 在分娩的第二阶段要从容不迫,采取多种生产姿势。

· 分娩期间如果感到会阴处疼痛和过度伸张,进行热敷。

硬膜外麻醉

这是在手术过程中最常用的镇痛方式。在剖腹产时使用可以让母亲整个过程都保持清醒但不产生任何痛苦的感觉。

当达到一定剂量时,这种方法可以使产妇从腰部以下失去知觉,因而不能行动。当需要推挤时,产妇无法用力。

同时,它还抑制了促进分娩和子宫收缩的激素的产生,增加了进一步使用医疗干预措施如产钳、真空吸引术、催产素等的风险。这可能会引起新生儿窘迫,并对其反射能力如吸吮等产生影响。

【自然疗法】

·硬膜外麻醉仅在紧急情况下才被使用,比如剖腹产。

·尽量使用其他更为自然的镇痛方式。

医疗机构喜欢按照惯例行事。只有越来越多的人要求改变时他们才会开始考虑别的方法,因此你的观点和要求是十分重要的。

陪产

做为分娩计划的一部分,产妇及其配偶也许会遇到陪产的问题。谁来陪产会对产妇的心理产生影响,并决定所有决策的制定。传统上,陪伴分娩的是家庭中的女性成员,如今,尽管医疗条件水平较高,但是却似乎忽略了女性在产程中的传统作用,而这一点无论对产妇本人还是其配偶而言都十分重要。

应考虑请关系密切的女性亲戚或朋友作为陪产帮助你们,如果分娩时丈夫也在场的话。理想的人选应该是那些具有同情心、能够真正理解你们所选择的分娩方式并且已为人母之人。

作为陪产，她们首先应该熟悉分娩计划，并且对手头的任务具备足够的信心。这就意味着丈夫和陪产者可以轮流休息，必要时能代表产妇及其配偶向助产士和医生表达意愿。在陪产者面前，产妇及其配偶都不会感到拘束。

丈夫在分娩过程中的作用

多年来，丈夫在产程和分娩中所起的作用发生了改变。传统上，人们认为丈夫参与该过程与其说是帮忙还不如说是添乱，因为自始至终都是女人在孤军奋战。到了17世纪，情况发生了改变，男人们更多地参与了该过程。然而现代一些研究者认为还是传统的做法最好！尽管共同度过这段经历意义深远，但是允许女人在所选择的陪产者和配偶的陪伴下进行分娩，仍然有许多值得考虑的地方。深爱自己的丈夫在分娩的过程中一直相伴左右，这确实能够给产妇莫大的心理支持，然而，当丈夫们看到所爱的人长时间经历痛苦的分娩时，他们也会变得紧张和精疲力竭。

这完全取决于个人的想法。如果丈夫足够冷静并且做好了充分准备（比如参加主动分娩课程培训或其他活动），他们就能够帮助产妇将分娩计划转达给助产士，通过操作经皮电刺激神经机帮助产妇减轻疼痛，进行按摩，鼓励她们进行积极的想象，所有这些都有助于她们全面放松。它将成为你们以后生活中永远值得怀念的一段经历。

导乐

"导乐"来源于希腊文,意思是"照顾别的妇女的女士"。

实际上导乐就是为产妇分娩提供服务的人。除了在分娩的时候可以请她们,在分娩前后也可以雇用她们帮助你们处理所有的事务,包括解决夜间无法睡眠的问题和干家务活等。导乐最大的职责就是帮助产妇以一种最自然、最健康的方式分娩。尽管她会与医生和助产士们一起帮助产妇分娩,她自己并不亲手接生,而是完全作为一位受过培训、知识丰富的产妇助手,为她们提供支持。

向别的母亲打听哪里能够找到导乐,与当地健康专家联系,或在网络论坛上查询。记住:夫妻双方都必须对所选中的人感到满意,因此在确定人选之前,务必与候选人见面,而不是轻易做决定。不管最终决定由谁陪产,确保你对自己的决定十分满意,并且让所有的相关人员对你的分娩计划都了如指掌。

 ## 分娩方式的选择

分娩是一个十分重要的题目,许多著作都曾探讨过这个问题。关于分娩,本书所能提供的最实用的绿色建议就是充分了解情况,并尽可能做到顺其自然。确保你对自己的选择感到满意。如果你确实对绿色育儿法中这方面的内容感兴趣,那么可以投入一些时间对自然分娩做更深入的了解。

主动分娩

如前所述,这种分娩方式使产妇感到更容易控制自己,可以随意走动,并采取最舒适的姿势分娩。在各个阶段,产妇都可以走、站、坐、跪或蹲,而胎儿通常在母亲直立时降生。他/她会在重力的作用下通过产道。直立的姿势能够使他/她借助重力以最自然的方式娩出。在这个过程中,可以对产妇施以按摩和其他形式的自然分娩疗法,这样做不仅可以减轻她的痛苦,而且可以坚定她的信念,相信自己完全可以做到自然分娩。与此同时,如果需要的话,现代医疗会为她提供进一步的安全保障。这种分娩方式鼓励陪产,因此确保丈夫能够参与并发挥积极作用。

水中分娩

水中分娩是在装有温水的大缸(分娩池)中进行的。胎儿的娩出也可能在池外进行,取决于产妇的意愿、医疗状况和医院的政策。许多产妇发现分娩池中温暖和漂浮的感觉会使她们感到放松,疼痛减轻,产程也缩短了。温水还可以降低血压和减轻疼痛,原因是应激激素分泌减少、水浮力与地心引力相抵消以及控制疼痛和放松的激素(内啡肽)分泌增加。9个月来,胎儿一直生活在子宫中的羊水里。许多产妇及其配偶相信对于新生儿来说,水中分娩可以帮助他们从子宫到陆地的新生活进行温和过渡。最早提出水中分娩的人是迈克尔·奥顿,他首先想到可以用温水减轻阵痛。

自我催眠无痛分娩法

产妇及其配偶还可以学习利用简单的催眠术帮助分娩。催眠状态是指通过诱导使求助者进入一种特殊的意识状态（类似平常看电视和执行例行任务时出现的恍惚状态）。自我催眠无痛分娩法的原理是：分娩不应该是一种痛苦的过程，可以通过催眠术实现产妇对期望和疼痛恐惧的控制，从而使分娩过程容易度过。自我催眠无痛分娩法据称能够缩短产程，减少痛苦，因而较少诉诸药物，使新生儿和母亲更加健康。

待产和生产过程中疼痛的缓解

关于妊娠和分娩，我们已经提到了多种缓解疼痛的自然疗法。除此以外，许多药物也有助于减轻分娩疼痛。但是因为产妇所使用的药物也会被孩子吸收，所以确定这些药物的性质、用途和可能产生的副作用是十分重要的。父母有权决定使用哪种药物，如有可能，可以要求采用自然疗法，这一点请务必在分娩计划书中加以明确。为了帮助你更好地理解医学术语的含义，并做出明智的决定，以下列举了多种常用药品及其副作用。记住：如果您有任何疑问，请向医生、助产士或健康专家咨询，直到完全理解。这是你的选择！

安定

可以用来镇痛，帮助母亲克服紧张情绪。它可能使母亲记忆缺失，并很快对婴儿产生影响。

哌替啶

这也是一种镇痛药。它可以造成新生儿呼吸障碍和吸吮反射问题，从而无法顺利吸吮到母乳。它还会引起母亲恶心、昏昏欲睡，但是小剂量使用有助于产妇宫颈扩张。如果在分娩后期使用，它会进入婴儿体内并残留多日。想象一下如果母子首次见面时都处于昏昏欲睡的状态，他们之间的亲情怎么能建立起来呢？

布比卡因

在硬膜外麻醉中使用布比卡因，产妇腰以下的部位不再有疼痛感觉，同时不会失去意识。在剖腹产手术中，产妇始终保持清醒，因此可以在婴儿一出生时就与他/她建立亲密的感情。然而，由于硬膜外麻醉造成子宫和膀胱的功能障碍，产妇需要插导尿管。而且，在分娩后期使用布比卡因，会使子宫收缩无力而导致产钳助娩。因为感觉消失，产妇无法施以推力。术后一些妇女可能会感到头疼，有的甚至能持续一周时间。同时，它会使产妇血压下降，因此影响胎儿氧气的供给量，因为药物在几分钟之内就能进入胎儿的血液之中。尽管与哌替啶相比，布比卡因的副作用较小，但是孩子出生后会昏昏欲睡，或者神经紧张。

笑气和氧气组成的混合气体（安桃乐 Etenox）

它会进入胎儿的血液之中，但是对其的影响还不确定。大量吸入会使母亲产生幻觉。使用它有助于一些产妇顺利度过分娩的最后阶段，但是一些报道表明她们会因此无法清楚地思考或行为，因此无法及时地把孩子往下推。

三氯乙烯

它会使母子懒怠、嗜睡。

后叶催产素滴注

可用来促进宫缩，加速分娩。它会引起胎儿窘迫，因为强大的宫缩会使血液无法流到胎盘。宫缩强烈导致严重产痛的产妇可能会使用止痛药物。催产的失败会导致剖腹产。

Synometrine（一种催产素和麦角新碱的混合物）

通常在分娩后期通过肌肉注射进行催产。母亲的主要反应是恶心，同时胎儿娩出后需要立即夹紧脐带，而不能等到脐带失去功能，婴儿完全建立起自主呼吸后才能剪断。

请记住如果发生严重的并发症，药物治疗会为母子提供安全的保障。与此同时，止痛还可以使用自然疗法。身体一有不适就使用药物是没有必要的，而且可能对母子造成伤害。

自然镇痛疗法

分娩时可以采用多种自然镇痛疗法,而不需要使用常规药物或医疗程序。产妇可以通过单独或结合使用以下方法达到镇痛效果。

经皮电神经刺激器

这种靠电池或外接电源驱动的设备可以通过电极向疼痛部位发射电脉冲。在电流的击打下,肌肉会变得紧张或松弛。刚开始产妇会有一种十分奇怪的感觉,但是一些妇女发现经皮电神经刺激器在分娩早期有助于镇痛。

分娩球

这是一个充气的大球(有点像成人大小的羊角跳跳球),可以用于普拉提或其他形式的练习中。分娩时产妇坐在上面可以减轻对会阴部的压力。产妇还可以斜靠或将身体的某个部位放松地搭在上面,找到最佳的分娩姿势。除此以外,产妇还可以坐在上面摇晃臀部减轻疼痛。

沐浴或淋浴

温水盆浴或淋浴是一种古老的天然镇痛的办法。产妇可使用简单的老式浴盆,或者租用一个同时可以容纳产妇及其配偶的大水池。还可以进行淋浴,放置一个低矮稳当的凳子,这样你不用一直站着。

轻抚法

有节奏地轻抚腹部、背部,或大腿。产妇最好赤身,由陪产用指尖按摩。可以在手指上蘸上一点玉米淀粉,抚触时产生丝绸般光滑的感觉。详情可咨询助产士或导乐，还可以通过网络或去当地图书馆查询。

香精油

香精油在妊娠期间大有裨益。如果某种香型能够使你从容镇定，务必多储备一些放在身边。香精油的用法很多，比如可把香精油加在喷香器里、滴几滴放入洗澡水、薄薄地敷在布上放在附近，或在潮湿的洗脸毛巾上滴几滴盖在额头上。因为有些香精油不适合孕妇使用，所以使用前应先查询资料或向医生咨询。妊娠期绝对不能使用的是桦木精油、冬青精油、棉属薰衣草精油和芸香精油。不过，因为其中一些香精油被禁止生产，所以一般也购买不到。如果你属于流产高危人群，孕早期请慎重使用快乐鼠尾草精油。

按摩

按摩在妊娠末期十分重要。对你的后腰和股阴大有裨益。大胆地尝试吧。分娩中的母亲可以试着靠墙站立，用一个网球抵住后腰部，顺着球移动身体，可以局部缓解背痛。

分娩姿势

采取垂直或平卧的姿势分娩。经常变换姿势有助于缓解不适。主动分娩的书籍或培训班会详细介绍这些姿势和陪产应该给予产妇的协助。通过充分的准备，产妇能够发现最有利于顺利分娩的姿势。

锻炼

分娩初期，产妇可进行一些散步、瑜伽和轻微的家务活，以帮助缓解疼痛感，帮助分娩顺利进行，同时也分散一些注意力。

热敷

有助于缓解腰背部、颈部和肩膀以及会阴部的疼痛。

呼吸技巧

不管是私人培训机构举办的分娩学习班还是医院的普通产前培训班，都会讲授关于分娩的呼吸技巧。瑜伽课程也会传授这种技术。不同的呼吸法可以帮助产妇保持镇定，抑制疼痛。

催眠和想象放松法

分娩学习班会传授这些技巧。如果经济许可，还可以请私人催眠治疗师对产妇进行催眠暗示训练。换一种方式对待疼痛，产妇就不会感到难以忍受。进行分娩的想象性练习有助于产妇做好充分的心理准备。直观地想象分娩的每个阶段，以及胎儿能够轻松地通过产道，有助于缓解疼痛感。

针灸

针灸不仅有助于缓解分娩过程中的疼痛，而且可以帮助调整胎儿在子宫里的位置。针灸能够有效地治疗疼痛，并且对产妇和胎儿不会产生任何副作用。在我国，做剖腹产手术时候，人们甚至可以利用针灸疗法代替硬膜外麻醉！

针压法

按压能够抑制相应部位疼痛的穴位。陪产者须提前熟练掌握这项技术。

贝曲花精疗法

分娩时使用贝曲花精可以缓解分娩时的疼痛，使产妇保持平静。急救花精对于产妇和陪产者特别有用。每一种花精油都有缓解某种情绪或恐惧的特殊功效。很多有关这方面内容的优秀书籍可供参考。

音乐疗法

一些产妇发现音乐可以帮助她们减轻疼痛，分散注意力，而有些产妇则喜欢安静。研究显示，音乐有助于缓解疼痛。所以，如果你觉得音乐对你有所帮助，请务必寻找一家允许播放音乐的医院或生育中心。

关于音乐疗法的详细内容，请参阅本书的第七章。研究显示，对于分娩的恐惧或不自信会影响产妇对疼痛的反应和忍耐力，这就是为什么在分娩前必须作充分准备的原因。深入研究表明，无痛苦的分娩是不完美的，因为与伤痛不同，分娩时的痛苦有明确目标并且产生了最终结果。对于产妇而言，牢记这个最终产品确实太重要了！

剖腹产

这是一项外科手术，医生会在耻骨上方切开一个水平的小口，然后把婴儿从子宫里取出来。大多数手术是在局部麻醉的条件下进行的，也就是说产妇腰部以下麻木，但整个过程意识清醒。如今剖腹产手术的成功率很高。在不可能自然顺产的情况下，剖腹产手术可谓现代医学造就的一项奇迹。理论上它只能作为一种应急措施，可是在实际生活中，常常在排除自然顺产可能性的情况下就实施了剖腹产手术。导致这种现象出现的原因有很多，比如图方便、惯例、产妇对自己没有信心，甚至不可思议地为了赶时髦！医疗机构和产妇都会出现以上情况。在美国，平均每四个婴儿中就有一个是通过剖腹产手术降生的。

正确认识剖腹产手术，做好充分的产前准备，了解妊娠时身体的变化以及医疗机构对分娩的处理方案，这些都可以使你免于接受不必要的剖腹产手术。阴道分娩能够实现母婴之间自然的生理和心理反应，比如呼吸、警觉、眼神交流以及亲情等。而如果是剖腹产，母婴均会在麻醉剂副作用的影响下昏昏沉沉，难以进行哺乳。除此以外，腹部的刀口如发生感染可能影响到以后的生育。不必要的剖腹产手术还可能对产妇造成心理压力，引起抑郁症。所以，应慎重选择剖腹产。然而，对于那些必须接受剖腹产的产妇而言，虽然无法进行阴道分娩，亲子关系也不会受到太大影响，因为还有很多自然的方式可以增进与孩子的感情。

紧急剖腹产的理由

在下列紧急情况下，可能需要进行剖腹产手术，取决于具体的环境。

前置胎盘

如果胎盘附着于子宫下段或覆盖在子宫颈口处，位置低于胎儿的先露部，称为前置胎盘。当胎盘只是部分地覆盖在宫颈口处时，还有可能进行阴道分娩，否则必须施以剖腹产手术。应当密切监视早期诊断的结果，因为妊娠期间胎盘可能会自然纠正。

脐带脱垂

脐带超过先露部而脱出于宫颈内口外被称为脐带脱垂。脐带脱垂会切断胎儿的氧气供给,这种情况通常都需要剖腹产。

横产式

胎儿横向位于母亲的腹部。助产士可以尝试改变胎儿的位置。然而,如果这些努力都不成功的话,就必须要进行剖腹产。

提前终止妊娠

如果胎儿患病,在宫外能够得到更好的监测和治疗,医生就会决定以剖腹产的形式提前终止妊娠。

重症先兆子痫

这种情况下,产妇的血压会升高到危险的程度。如果药物治疗有效,产妇还可能进行自然的阴道分娩,否则,必须提前终止妊娠,施行剖腹产。具体措施视患者情况而定。

糖尿病

妊娠期间必须加强监测,并可通过饮食加以控制。但是如果血糖控制不好,可能只有剖腹产。

不必要进行剖腹产的情况

产程进展不良

当分娩持续时间很长而进展不良时,除非确认继续生产可能危及健康,否则没有必要施行剖腹产。医务人员可能需要再花一些时间就会获得满意的结果。

胎儿窘迫

胎儿窘迫主要发生在分娩过程中,临床表现为羊水胎粪污染，或胎心监测仪提示存在胎儿窘迫。轻微的窘迫不必要施行手术，可能仅仅意味着母亲需要饮食或休息。对于何时需要医学干涉，医生持有不同的观点。此外，对日后可能产生的法律纠纷的恐惧也导致他们谨慎行事而选择手术。

臀位

臀位分娩的时候，胎儿的腿部和臀部会先于头顶而出。这并不意味着一定要进行剖腹产，尽管许多医生会推荐这种方案。可以采取自然疗法矫正胎位，一些助产士甚至专门接受过这种培训。或者，产妇可以在家做一些胎位矫正操如臀位矫正操来调整胎位。每天散步一小时可能也有所帮助。除此以外，针灸疗法似乎特别有效。医生或助产士也可以尝试在产妇的腹部施以不同的手法将胎儿转成头位。

双胞胎

只要其中一个胎儿发生窘迫、体重过轻或出现了健康问题时就必须进行剖腹产。正因如此，现在很少有产妇选择阴道分娩双胞胎。如果你决定自然分娩，尽量请善解人意的、熟练的助产士帮忙，或雇用导乐。

头盆不称

在这种情况下，胎儿因为头太大而无法顺利通过骨盆。如果医生怀疑胎儿头盆不称，他们通常会安排剖腹产，但由于很少有胎儿出现这种情况，而且只有到了分娩的时候医生才能作出准确的判断，所以先尝试自然分娩是值得的。如果没有成功，再施行剖腹术也不晚。头盆不称的情况与胎儿较大不同，许多身材娇小的妇女都能成功地自然分娩较大胎儿。

产妇的疾病

对于患有糖尿病或高血压等疾病的产妇不一定必须施以剖腹产，但是为了安全起见，医生会首先考虑这个方案。

先前剖腹产

请参阅剖腹产后阴道生产部分。

方便

无论是产妇还是医生，绝对不能为了方便省事而选择剖腹产。剖腹产是个大手术，随之而来的可能是各种并发症以及手术带来的不适，同时也失去了自然分娩带给母婴的所有益处。

剖腹产后阴道产

只要没有出现大的并发症，剖腹产后阴道产和再度手术一样安全，还可以防止母婴在分娩时出现身体损伤。同时，母亲和孩子都会产生一种控制全局的感觉。一些健康专家反对剖腹产后阴道分娩，但是，研究表明，在决定剖腹产之前有必要让产妇先尝试自然生产，即使没有成功，这样做对婴儿的警觉性与呼吸系统都大有好处，因此值得一试。剖腹产后阴道分娩最大的危险就是子宫破裂（子宫缓慢撕裂）。然而，这种情况相对罕见，由此而导致生命垂危的可能性也不大，因为通常它具有明显的症状，一旦出现，可以立即采取措施。子宫裂听起来比较可怕，实际上任何孕妇在妊娠的任何阶段都可能发生，而不仅仅是那些先前做过剖腹产的人。

出现如下情形时，产妇不应尝试剖腹产后阴道产：

胎盘裂，胎盘早剥，明显的胎儿窘迫，或头盆不称，即胎头过大不能顺利通过产道。

剖腹产后阴道产的成功与否受到环境、助产士、母子健康状况以及母亲和助产士相关知识水平等因素的影响。剖腹产后阴道产的成功率具有地区和医院差异。如果您决定剖腹产后阴道产，首先需要对医院和医生进行考察。尽量选择剖腹产后阴道产成功率高（约70%）的医生，确保他完全理解、支持你的选择，并且能够帮助你顺利完成分娩。

选择一家你感觉舒适的医院。同那里的医务人员交谈，观察他们对剖腹产后阴道产的态度。如果您感到他们对此不太热情，那么换一家医院或生育中心。妇女间的相互支持有利于分娩的顺利进展，剖腹产后阴道产就是一个典型的例子。

脐带处理

产妇娩出胎儿后，突发的情绪变化导致激素反应，引起子宫收缩，将胎盘娩出。哺乳也有助于加速自然娩出的过程。与此同时，婴儿慢慢地开始独立呼吸。当他/她呼吸完全自主后，脐带就会停止搏动，然后它会变得松软，并自动闭合。只有到这个时候才可以安全剪断脐带，或者可以等到胎盘完全从体内排出。许多父母都请求自己剪断脐带。对于你的配偶来说，这是一段令人感动的经历。很多医院使用麦角新碱（前文已述）引起宫缩将胎盘娩出，而这不一定十分必要。

尽快适应为人父母的新角色

无论您计划在哪里分娩，提前一个月就着手做准备工作。提前做些食物并冷藏起来。让亲友帮忙烹饪、清洁并购买生活必需品，而不是婴儿的礼物。考虑用纸制碟杯（可能的话，用再生环保纸做成）来减少任何必须的清洁工作。如果还有余钱，何不考虑在分娩后头几周雇一名清洁工？产后给自己准备一些漂亮、洁净的床单，同时为自己买一套新睡衣。

以下是为医院分娩而准备的、需随身携带的物品清单。仅仅是个参考，大家都可以根据自己的需要进行调整。

医院分娩清单

两件睡衣（如果喜欢，可带上特制的授乳睡衣）

便鞋或人字拖

热水瓶或暖袋和冰袋

按摩油和器具，如一个乒乓球

精华油如薰衣草精华油

供产妇及伴侣食用的像香蕉和麦片之类的营养快餐

药草茶

配偶的游泳衣，如果双方都打算进入分娩池

音乐和 CD 播放器

蜡烛与火柴

大卫生巾（如果喜欢，选择可重复使用的卫生带）

北美金缕梅和其他用于会阴松弛的膏或霜

照相机或摄像机

家人和朋友的电话号码，如果计划分娩后通知大家的话

哺乳乳罩和护理垫（如果喜欢，使用可循环使用的产品）

可重复使用的尿布或者环保型纸尿裤和毯子（至少要5件）

防水塑料袋，用来装脏尿布带回家洗

洗干净的婴儿衣服，并在分娩前放在自己的床上，这样婴儿能够识别到你的气味

如果需要，准备襁褓毯

宽松舒服的短衬裤

安全座椅

护唇膏

喜爱的化妆品和护发产品

确定医院能否提供经皮神经电刺激机（TENS）和/或者分娩球。如果不能的话，最好自己带上。

任何你认为能鼓舞人心的东西都带上！

绿色育儿指南——分娩

✿ 分娩期间尽量待在家里并且避免服用止痛药。不要躺着分娩。尽可能多地活动。

✿✿ 按摩会阴以及采用前文所述的方法为分娩做好准备。尽量找一位至少接受过一种精神疗法培训并且理解你的要求的助产士。分娩时用自然止痛方法并且尽量主动分娩。

✿✿✿ 为分娩做好身、心、灵三方面的准备，参加瑜伽、主动分娩培训班，进行按摩，加强营养，直观想象顺利的分娩过程。进行主动分娩。利用烛光、音乐和芳香油布置分娩环境。确保你的陪产对你所选择的自然止痛方法有充分的了解。争取不用任何药物自然娩出胎盘。只有在脐带停止搏动时才允许你所选择的人夹紧切割脐带。

第三章 产后

在本章中您将了解:
- 亲子关系的培养
- 睡眠和饮食模式的规律化
- 产后恢复

对于新父母、家人和好友而言，产后是他们欢迎新生命到来的一段特殊而又重要的时期。许多新父母谈到自己生活在洋溢着爱和亲情的氛围中，一切仿佛梦幻一般。而另一些人则坦言，新成员的到来让他们感到困惑和不自信。不管您的家庭属于哪种情况，留出足够的时间接受和适应崭新的生活是十分必要的。

 ## 坐月子

在许多文化中，人们认为，和结婚一样，新的家庭组建后，成员间需要时间增进相互间的认同，拉近彼此间的距离。印度的吠陀教要求母亲和婴儿在不受干扰的情况下独处22天来建立彼此间的亲密关系。而在另一些国家，当分娩结束时，家人要举办盛大宴会招待亲戚和朋友以示对母亲和孩子的祝贺。分娩是一件多么纯洁和奇妙的事，然而，不幸的是，我们的文化似乎失去了对它应有的尊重。出于经济的考虑，长时间脱离工作对新父母而言是不现实的。此外，由于住的离近亲属较远，他们经常会感到孤立无援，无法抽出时间照顾孩子。不管你个人的情况如何，至少留出两周时间去增进彼此了解，共享美好时光，并尽量少接待客人。请朋友或家人帮忙，比如购物。如果经济许可，不妨请人帮忙做家事，这样你们就可以有更多的时间在一起。

亲子关系

有的母亲在孩子一出生时就深深地爱上了他/她,而有些人则需要几周的时间。关于这个问题,没有一个标准,但是暂时停止日常事务,限制来访者,一定有助于亲子关系早日建立。

在亲子关系建立过程中,丈夫起重要作用。一方面在照顾孩子的过程中,父亲与子女的亲密关系得以建立;另一方面,通过帮助和照顾妻子,夫妻感情更加深厚,家庭组织更加稳固。在很多文化中,母亲,尤其是授乳的母亲,在生理上会与孩子产生紧密的联系。然而,在许多文化中,母亲并非孩子唯一的照顾者。只有夫妻共同承担起抚育孩子的责任,并且彼此信任和支持,对孩子的关心和照顾才是最全面周到的。

关于如何爱孩子和建立亲子关系方面,父亲可能与母亲的做法不同。除了具有和母亲一样的强烈的保护孩子的本能,父亲可能希望立即着手照顾婴儿。父亲应该毫不犹豫地抱紧孩子,包括皮肤与皮肤的接触和尝试本章介绍的所有方法。婴儿会逐渐熟悉父亲的气味和心跳,进而建立信任感。婴儿并不在乎是否得到完美的照顾,他们需要的是温柔的呵护。

建立亲子关系的方法很多,比如肌肤相亲,给你的宝宝唱歌,说话,用背带背宝宝,按摩,信号喂食以及同床而眠。综合以上做法,这种抚育孩子的方式通常被称为亲密育儿法。

亲密育儿法

"亲密育儿法"是十年前创造的术语,用来描述及时地辨认和回应依恋期(3~5岁)儿童的需求的育儿技巧。亲密育儿法强调的是及时回应他们的需求、无微不至地照顾他们和持续相伴的重要性。处于这个阶段的儿童如果与家人的亲密关系遭到破坏,将导致其成人后易于忧郁、焦虑,在人际交往中产生心理障碍。专家们普遍认为,"亲密育儿法"包括以下几方面内容:

同床共眠

一些人建议父母应该和新生儿同床共眠。这样做的好处包括哺乳方便,能对他们的需求做出及时回应。和父母共眠的婴儿通常睡得更香,而父母的睡眠习惯因为与孩子同步,因而不会影响白天的工作。此外,身体的亲密接触有助于调节婴儿的体温,同时提供了肌肤相亲的机会,使彼此的关系更加密切,而这些对于孩子情感的健康发展至关重要。

作为父母,如果白天不得不去上班,那么请将优质时间与孩子一起度过吧,你们一定会获益匪浅:孩子会很少哭泣,而你们也不必熬夜给他们喂奶,从而获得更多的休息时间。这样做最大的好处之一在于能够预防婴儿猝死综合征(SIDS)的发生。婴儿死亡研究基金会(Foundation for the Study of Infant Deaths)建议至少六个月以内的婴儿应该和父母睡在同一个房间里。研究表明,这样做能够明显地减少婴儿猝死的发生,因为父母对孩子的活动和呼吸方式更加敏感。当父母与孩子一起睡觉时，父母均匀的呼吸声实际上提醒了他们该怎样呼吸，即使在熟睡中。在某些文化中，几乎没有人知道什么是婴儿猝死综合征，因为对他们而言，和婴儿一起睡觉是再平常不过的事情了。

同室而眠的形式有：与婴儿睡在同一张床上；将婴儿床一边的护栏拆除，挨着大床铺设；或者只是将小床放在父母的房间里。作为父母，无论你们做出何种选择，让婴儿和你们睡在同一个房间对彼此都有好处。虽然专家建议六个月或更大年龄以内的孩子比较合适和父母同室而眠，但是可能你会发现你与他们的需求如此合拍，以至于你能清楚地捕捉到他们所发出的已经准备好分房间睡觉的信号。

与孩子同室共眠不会使他们更加依赖你们。当彼此都已准备就绪时，如果父母能以自然的方式循序渐进地培养孩子的独立意识，他们应该能够顺利地做到分室而眠。许多父母担心同床共眠可能导致婴儿窒息的情况发生，但是母亲往往对自己的孩子拥有敏锐的直觉，即使在睡眠中；而婴儿天生具有一套十分有效的危险报警系统。

> **重要提示**
>
> 请注意：如果父母饮酒、吸烟或接触了软性毒品，千万不要和孩子一起睡觉，因为这样极大地增加了婴儿猝死的危险。

准备一张足够大的床，确保每个人都感到舒服，而且床垫硬度适中。婴儿要放在适当的位置使他们不容易掉下来，还要避免因枕头或寝具造成窒息。同时，每个人，包括婴儿，都应该穿着轻便的睡衣，这样就不会感到太热。

六个月大之前，婴儿都应该仰睡。当婴儿准备好采取不同的睡姿时，他可能会通过翻身来提示你。给他盖上床单或者毯子而不是羽绒被，并且永远不要让他躺在你身上睡。父母亲应该将孩子放在他们中间而不是床的角落或者墙边。

婴儿背具

大人可以使用背巾、前背带或后背带将刚出生数月的婴儿背起，同时，继续做自己的事情。在许多国家，人们的传统做法是用布莎笼、毯子或前背带携带孩子。与某些现代观念不同的是，经常背着的孩子会产生一种安全感和满足感，而不是变得粘人或紧张、胆小。

经常使用背具有助于建立密切的亲子关系，使婴儿感到安全和可靠。它还可以防止母亲患上产后抑郁症。经常背孩子会使他们肌肉发达，姿势优美，能够刺激大脑和提高学习能力，同样有助于提高他们的消化能力，减少疝气和回流，喂养起来更快也更容易。

吊兜和吊带有各种不同的形状、尺寸、颜色和风格。根据婴儿年龄不同可以选择不同的携背姿势。对于新生儿来说，吊兜特别合适。因为它再造了胎儿躺在子宫里的情形，同时可以将压力均匀地施加在脊柱上。而前背带的好处在于它可以让孩子面对着你，当他们长大一点后，还可以让他们面向前方。只有在孩子会坐了以后才可以使用后背带。

关于如何选购合适的吊兜，健康专家会根据您的需要提供很好的意见。与此同时,相关的网站和商店也为您准备了专门的指导。此外,您还可以在婴儿用品特卖会或易买网站上购买真正价廉物美的二手吊兜。

肌肤的接触

当父母和婴儿对于彼此间的抚触和气味都很熟悉时,他们就会彼此依恋而难以分开。肌肤相亲能够促进具有丰富抗体和营养的初乳的分泌。哺乳、睡觉和拥抱是父母与孩子进行肌肤接触的最理想的时刻。

肌肤接触另一个很好的方法就是和婴儿共同沐浴。它集清洁与娱乐与一体,同时还是对婴儿进行游泳早期教育的一个绝好时机。要注意的是浴室的温度要适宜,而且洗澡水温度不能超过29℃。洗浴前铺好防滑垫,并准备好浴巾。最好有人在旁边帮助你抱着孩子进出浴缸。还要记住的是,对于新生的婴儿来说,没有必要使用肥皂和浴液。洗澡的同时给宝贝喂奶,会让你们彼此都很放松。

婴儿按摩

世界不同民族的文化中都有给婴儿按摩的习惯,这样做已经有几个世纪了。胎儿在子宫中最早发育的是触觉和运动能力,所以按摩确实能够使宝宝在新的环境中感觉舒适并且和父母建立起亲密无间的关系。给婴儿按摩还可以使他们安静和放松下来,能够培养他们良好的姿态,促使其最佳发育,加强肌肉的协调性和关节的柔韧性,改善呼吸,促进胃的消化运动,增强免疫系统,帮助睡眠,减轻痛苦,减少罹患诸多小毛病的可能性,同时也是游戏的好机会。

按摩前确保环境温暖、安静，让宝宝躺在一块柔软的布上。选一个舒适的位置坐着，或是在婴儿床上为你的宝贝按摩。为孩子按摩的最好时机是在他刚醒来并且活跃时，或是在喂奶之后。注意：孩子饥饿时或刚喂饱时千万不要按摩。按摩结束后给孩子一个拥抱并且再喂食一次。如果你每天定时给孩子做按摩，他就会有所期盼，等待这一时刻的到来。

为新生儿按摩时要给他们穿衣服。抱紧孩子，轻柔地抚摸，手指做圆周运动。初次按摩十分钟就够了。注意观察孩子的表情，决定该何时停止。如果他开始哭泣，立即停下来。

随着宝宝一天天长大并且习惯于光着身子舒适地躺着的时候，你可以延长按摩的时间（但不要超过20分钟，或在宝宝表现出厌烦情绪时立即停止按摩）。按摩直接在肌肤上进行。使用纯有机葵花籽油或葡萄籽油，使用前在手中预热，按摩时要缓慢而有节奏。时不时地在手心倒满油，动作要轻柔而匀速。当宝宝再长大一些的时候，你或许会想到使用芳香疗法中的婴儿按摩油。关于给婴儿按摩的更多信息，您可以向助产士、导乐或当地的卫生访视员咨询。关于这方面的书籍也很多。此外，还可以上网查询。它们都会为您提供大量有价值的信息。

按需喂养

只要宝宝需要，妈妈马上授乳。如果妈妈总是抱着孩子，他/她的需求很快就会得到满足，因而也更少哭泣。在第四章中，你将了解更多的关于按需喂养的知识。

分离

宝宝一岁以内尽量不要与他/她分离，这是亲密育儿法最基本的原则之一。未满一岁的孩子对于父、母的回归还没有概念。一旦分离，孩子就会感到焦虑。因此让他/她认识到自己最重要的照顾者始终在身边这一点很重要。如果你的生活方式不适合采用亲密育儿法，那么这个阶段与宝宝保持亲密接触是至关重要的。

依靠直觉

如果你采取了亲密育儿法，那么，你自然就会做出对孩子最有利的决定。研究表明，分娩时的激素变化释放了母亲潜在的、却发自本能的另一种天然能力。父母应该充分信任它。随着时间的推移，他们会善于理解和预见孩子的需求。

对孩子的哭泣做出快速的反应

这样做有助于父母对婴儿不同的哭声所要表达的需求做出判断，比如食物、安慰或换尿布。人们普遍认为婴儿有完全属于自己的语言，对于不同的需要能发出不同的哭声。

根据父母的需要，以上介绍的几种方法可单独或结合采用。同样重要的是，家长应该认识到尽管这些措施有助于孩子健康成长，能够培养出适应力强的快乐宝贝，家长们也应该给自己留出一些时间。正如我们无暇、也无心欣赏大自然关于分娩和宝宝成长的神奇美妙一样，在现代放纵的西方生活方式中，我们会把一些事情做得过火，比如转而对绿色育儿法过分地推崇，这是不必要的。然而，尽管亲密育儿法的理论受到了传统社会中某些做法的启发，在那种社会里，将自己的生活搁置一边也不是一个很好的做法。我们应该追求平衡的生活方式。

 ## 喂养与睡眠的方式

作为父母,你一定遇到过这样的情况:仰慕你的人会充满善意地问道:宝宝晚上是否能够一觉睡到天亮?如果实际并非如此,而你又精疲力竭,你可能会失控。请不要担心,每个宝宝都是特别的,总有一天他们会习惯夜间睡觉。当睡眠形态发生改变时,宝宝就会醒来,这是一种保持健康和营养充足的自然的安排。新生儿分不清白昼与黑夜,具有不同于成人与儿童的生物钟。饥饿的时候他们就会醒来,吃饱喝足后又接着入睡,睡眠的时间通常从 20 分钟到 5 小时不等。尽管每个宝宝的情况有所不同,但平均起来,每个新生儿都花费大约 60% 的时间睡觉。

6 到 8 周后,宝宝夜间睡眠的时间开始比白天长,睡眠的总时间也缩短了。有些宝宝可以一觉睡 8 小时,但这很罕见。4 个月大的婴儿一次睡眠时间很少超过 4 小时。大部分的孩子都习惯上午和下午小睡一会。随着年龄的增长,他们只会在下午小睡一会,而这种情况在他们长大后会自然消失。为了保证夜间的睡眠质量,白天你可以让他们保持兴奋与激动。然而,如果你发现宝宝易怒而且痛苦,说明他们还没有做好摆脱午睡的准备。随着一天天的长大,他们的睡眠模式越来越有规律,白天醒着的时间越来越长。

6 个月大时,一些婴儿开始满足于每日进食三次外加一顿早餐与夜宵。这时父母在夜间就可以安稳地睡一会儿觉了,通常

一觉可以睡5个小时。然而，许多婴儿到12个月大时夜间仍然会定期醒来。

如果你想更多地了解这方面的情况，请参阅"婴儿睡眠指南"部分，它将为父母帮助宝宝克服睡眠问题提供客观的、有针对性的指导。

睡眠训练

一旦宝宝白天和夜晚的活动规律化后，父母就能够睡个安稳觉了。入睡前的时间很重要，要多和孩子在一起。当婴儿4个月大时就可以逐步引导他独自睡觉，并且入睡前不再喂食。吃完饭、洗完澡、换完衣服并且安抚后，宝宝就会全身放松，昏昏欲睡。此时，你应该一直待在旁边直到他睡着。如果他再次醒来，抑制自己想抱他起来的冲动，试着安抚他，抚摸他的背部，或仅将一只手放在他的身上，对着他轻轻说话或唱歌，这些都能够帮助他再次入睡，而不是给他哺乳或瓶奶。当然，孩子的性情不尽相同，有时这个方法不一定奏效。如果实验了几周后你的孩子都没有积极回应，那么采用新的做法或稍后再试。

确保每个人都能获得充足的、高质量的睡眠。当宝宝夜间醒来时，马上给他们喂食，但不要将牛奶换成水或果汁，否则只能使他们更加暴躁，拒绝回去接着睡。如果要想延长睡眠时间，晚上让他们吃饱，并换好尿布，他们就可以连续睡上4到6个小时。如果宝宝醒了，必须马上做出回应，这样下一场睡眠很快就会到来。白天规律的饮食对夜晚的睡眠也有所帮助。

为了尽快帮助宝宝做到夜间睡眠，使父母能够有精力应付繁重的日常生活的压力，一些睡眠训练方法应运而生，引起了不少的争议，其中包括逐步不理会孩子的哭喊，取消夜间喂食，任由他哭叫直到精疲力竭入睡为止。以这样的方式，使孩子们必须学会单独睡觉。还可以采用较为温柔的做法，开始时只让孩子哭喊几分钟，然后逐渐延长时间，直到他完全适应新的生活方式。

对这些方法持批评态度的人认为，这样做违背了宝宝生长发育的自然规律，并且担心由于夜间不再哺乳而使母亲的乳汁减少。他们相信，如果婴儿吃不饱，他们的身体可能得不到最佳发育，一些婴儿还可能有脱水的危险。反对这样做的另一个理由是这将导致母子之间过早的情感分离。

我们不可能问一个婴儿被单独关在一间屋子里哭喊时的感受。但是非常明显的是，允许孩子与父母同住一室并在夜间有规律地喂食能够确保孩子的需求得到满足。父母亲应当考虑的是他们是否真的相信睡眠训练会对孩子的情感发育产生影响，以及这种做法是否适合自己的孩子。在决定采取某种睡眠训练方法之前，务必对它及别的不同方法的影响进行大量的研究。

睡眠问题

尽管频繁地醒来对婴儿来说很正常，但有时你会发现他醒来的次数过多、难以入睡或者烦躁不安。

出现这种情况可能是由几方面原因造成的：生长突增、出牙、睡眠姿势或卧具不舒服、腹痛或患上其他婴幼儿常见病。

此外，日常生活的规律被打破，家中发生了任何的不愉快都会导致他夜间烦躁不安。

对于以上这些常见的小毛病，可以采用自然疗法，详情请阅读第四章。如果问题出在宝宝的睡眠姿势不舒服，在变换姿势前请咨询健康专家。如果他无缘无故地大哭，可以请教医生。通常出生时未被发现的、由分娩所造成的颅骨和脊柱外伤也会使孩子烦躁不已。与宝宝一起睡觉和继续哺乳都会有所帮助。孩子长时间的哭闹以及对他们的安抚都会使父母疲劳不堪甚至损害他们的健康。

改善睡眠的自然疗法

除了前面提出的建议，您还可以尝试以下做法：
- 让宝宝养成关灯睡觉的好习惯。
- 夜晚将宝宝放在吊兜里，等他睡着后再放到床上。
- 与宝宝一起躺下直到他入睡。这样你自己也得到了休息，但是千万别让孩子睡在你的身上。
- 家务活动发出的声音、舒缓的音乐、摇篮曲和特制的白噪音唱片。
- 平稳地来回运动比如抱着他晃动、摇摆，或将他放在婴儿车里来回摇晃。如果实在无计可施，带着他开车兜风。
- 将你温暖的手放在孩子的背部或者额头上对他进行安抚，或者一边轻拍或抚摩一边唱歌。
- 找到宝宝最舒服的抚触点，通常是脖颈或者额头，轻轻地抚摩。

・就寝前点燃芳香油（香型可参阅优秀工具书或向医生咨询）。记住出门前熄灭所有蜡烛。

关于如何帮助宝宝睡得更香，请参阅"婴儿睡眠指南"部分。

 ## 产后恢复

妊娠期间妇女的身体经历了难以置信的变化，需要花费很长时间才能恢复到孕前的状态。婴儿出生后的第一年内，父母双方，尤其是孩子的主要照顾者，应当尽量多地休息，并且暂时停止工作，这些很重要。产后完全恢复需要大约6个月时间。在此期间，应当多食用营养丰富的健康食品比如味噌汤，这是由淡豆豉等制成的一道日本传统食物。大量的饮水和锻炼比如瑜伽、游泳、普拉提、散步以及适度的健身操都有助于产后恢复。

> 按：在我国，发达的饮食和中医药文化对产后恢复有丰富的保养方法。在饮食方面，骨汤、猪蹄汤、鲫鱼豆腐汤等，都是有利于产妇恢复并促进乳汁分泌的营养美食。

恶露

恶露持续的时间因人而异，有的可达6周。这是妊娠期间形成的子宫内膜增厚而脱落排出阴道的正常分泌物。在此期间，产妇应该使用月经垫，而不是月经栓。如果使用的是一次性的产品，可去当地的商店或网上购买原色月经垫。如果您是环保人士，尽量使用可重复使用的产品。除非恶露已尽，否则产妇应该避免剧烈活动，包括过度地运动和做瑜伽中的倒立姿势。因为这样可能导致再次出血，极端的情况下还会引起大出血。产妇应多食用高铁食物进行补血，包括：红肉、红豆、小扁豆、羽衣甘蓝、花椰菜、葡萄干、无花果、杏子和樱桃。

会阴疼痛

无论是否侧切或撕裂，产妇的外阴都会有疼痛感，甚至刺痛感，尤其是小便时。以下建议有助于会阴修复，缓解疼痛。

· 坐在一个半月形的枕垫上，减轻对这一部位的压力（哺乳垫具有双重作用，既可以供产妇用于此处，当宝宝能够坐起时还可支撑孩子的背部）。

· 如厕后不要用手纸，而要用水清洗，再用一块柔软的毛巾轻轻拍干。

· 采用具有舒缓作用的坐浴疗法，热水要足以淹到臀部，加入三滴薰衣草精华油和两滴塞浦路斯精华油。

· 将金缕梅酊剂或芦荟凝胶（或者两种的混合物）放在冰箱里，经常用它们涂抹会阴部。

· 用1/2茶匙的杏仁油稀释几滴茶树油，并用之涂抹于会阴处，然后用一块浸过热水的毛巾敷于会阴来帮助减轻红肿。

· 做一些骨盆底肌运动，开始时一天三次，以后逐渐增加强度。

分娩大约六周后产妇逐渐恢复体能，但还是要尽可能多地休息。宝宝睡觉时，你也一起睡吧！

产后几天，新妈妈们就可以做一些运动了，包括骨盆底肌运动、小幅度的提腿练习和短距离散步。三到四周后，做一些温和的伸展运动，包括长距离散步、适度的瑜伽和轻度有氧运动。三个月后，妈妈们可以定期进行锻炼。六个月后，大部分的妈妈应该可以像平时一样运动了。

心理健康和婴儿忧郁

产假过后，来探访的人渐渐少了，新生儿带来的新鲜感也渐渐地消退了。这时候对夫妻双方而言，在身心上照料好自己是很重要的。随着生活秩序的恢复和照顾孩子的疲惫，夫妇可能会感到个性和自我价值的缺失。假如像许多其他父母一样，你刚搬到一个新的地方，与朋友和亲戚相距遥远，那么你可能会产生孤立无助的感觉。分娩后产妇的雌激素水平下降，而分泌大量的母性激素：催乳素。激素的变化导致了产妇情感的波动，这种情况几乎会发生在每一位新生儿母亲的身上，通常被称为婴儿忧郁。新妈妈们会觉得伤心，容易发怒，对她们新的生活方式感到不满，担心宝宝的健康状况，并对分娩的经历感到疲惫和失望。

对于初为父母的人而言，开始几周的生活总是充满了起起落落。研究表明，新爸爸会产生与新妈妈类似的激素变化，与此同时，受母亲与孩子的亲密关系的影响，他们容易产生一种被忽略和排斥的感觉。如果这是他们的第一个孩子，新爸爸还会对自己做父亲的能力产生质疑。这时候要多和对方在一起，找时间谈一谈，并尝试以下做法：

- 与其他父母联系：参加学步儿童活动、家庭午餐、游戏和运动小组。
- 与老朋友保持联系。
- 给自己换一个新发型，买一套新衣服，做个美容或按摩。
- 抽出时间独处、散步、洗澡、喝茶。无论干什么，给自己留一点时间，即使只有15分钟。
- 把全部烦恼都发泄出来，好好哭一场。
- 和治疗师交谈或拨打父母热线电话。
- 使用香薰油，比如在浴缸里加入依兰油、香紫苏油、香叶油、天竺葵油和玫瑰油泡澡，或放入喷香器中喷发，或加入基础油进行按摩。
- 每天早晨喝一杯加入蜂蜜和一片新鲜柠檬的香蜂草茶。
- 全天服用多种贝曲花药，如胡桃、杨柳或樱桃李。

通过食物或补充剂增加维生素B、维生素C、蛋白质、镁和锌的摄入。

走出去，和孩子一起躺在公园或花园里，或者一起去散步。

夫妻关系有时会因为照顾孩子而受到影响。确保你们每周至少花一个晚上或一天的时间在一起聊聊天。假如你们确实遇到了问题，千万别犹豫，立即向婚姻顾问师寻求帮助。可能这样做会让你们感到尴尬，但是如果有人愿意分担你们的忧愁，并能够就如何改善夫妻关系提出有针对性的建议，这样做的好处是不言而喻的。有时，他们会提供免费建议。因此，与当地的婚姻顾问师联系，请他们为你们的爱情、婚姻指点迷津。

产后抑郁症

与婴儿忧郁不同，产后抑郁症被定义为产妇在产后的一种"严重而持续的情绪低落"。这种症状比婴儿忧郁严重得多，有些产妇会非常烦恼、困惑却往往意识不到它的危害。产后抑郁症的症状可能包括：

- 失眠，做恶梦，不愿意起床。
- 没有食欲或食欲不振。
- 变瘦或增胖。
- 愈加嗜好酒精、镇静剂和其他药物。
- 感觉懒散、易怒、精疲力竭，无法完成简单的日常事务。
- 注意力分散且犹豫不决。
- 对婴儿失去兴趣，故意做其他事情避免照顾孩子。
- 产生自杀念头，出现死亡的幻觉，发生自残或者伤害婴孩的念头。
- 感到无望，焦虑，慌乱。
- 情绪波动，不由自主地哭泣。
- 不合群。

造成产后抑郁症的原因可能是激素的剧烈改变，有精神病史，长期疲劳，婴儿患病，分娩外伤和缺乏帮助等。每个产妇的情况都不一样，可能还有其他原因。不管何种原因，一旦怀疑你或者你的伴侣患有产后抑郁症，请尽快就医。向他人倾诉自己的烦恼从而获得情感上的支持，遵循那些能够缓解婴儿忧郁症的建议都十分重要。

产后抑郁症患者可以向当地的医生寻求建议，并获得关于婴儿护理方面的指导。在极少数情况下，新妈妈可以选择住院从而可以离开家一段时间反思自己的生活。她们有权利将自己的烦恼大声地讲出来并得到治疗。惟有如此，身边的人才能理解和帮助她们。

绿色育儿指南——产后

🍀 在接待客人来访前，务必请别人帮忙，并给自己留出休息、独处的时间。哺乳有助于帮助母亲和孩子建立亲密关系（即使只有几周的时间）。如果是人工喂养，保持皮肤的亲密接触。使用吊兜，和婴儿睡在同一个房间。饮食健康，大量饮水。保证每天出去散步或者从事别的形式的运动。与别的新妈妈和朋友保持联系。当你感觉情绪低落时，立即向他们寻求帮助。

🍀🍀 除了上述建议，参加婴儿按摩培训班。这样不仅对孩子大有裨益，而且还是一个与其他父母交流的好机会。和孩子一起洗澡。新父母一定要给自己留出独处的时间。感觉精疲力竭吗？去按摩吧！试一试药草茶和香薰油。

🍀🍀🍀 雇用产后导乐。采用亲密育儿法。新妈妈们应该参加产后瑜伽班，定期给自己留出一些时间做按摩或冥想。新爸爸们应该尽可能多地照顾孩子。采用自然疗法使会阴愈合。学会理解婴儿的哭声。当情绪或夫妻关系出现问题时，寻求指导。

第四章 食物

在本章中您将了解：
- 关于母乳喂养
- 怎样做好人工喂养
- 断奶方式
- 健康、低成本、方便而又环保的食物

如果你初为人父或人母，孩子从出生到断奶这段时间的喂养可能会出现很多问题。照例你们会面临众多的选择，而且许多大型的婴儿奶粉和食品公司确实希望你们能够选购他们的产品。是不是配方奶对父母和孩子更好？答案是否定的。研究表明，与人工喂养相比，母乳喂养的孩子很少出现肠胃、呼吸系统和耳朵方面的疾病。那么，是不是配方奶更便宜？答案也是否定的。花费在奶粉和喂养器具上的费用平均一年约为六七千元，而母乳喂养才花费一千多元，节省了五千元。是不是人工喂养更方便？任何一位曾经为奶粉、奶瓶和消毒器而忙得不可开交的父母都会告诉你情况不是这样的。提前冲调好配方奶放在冰箱里保存可能会产生细菌，因此最好是现喝现冲。

表面上看，商家似乎为你们提供了方便而又健康的婴儿食品，实际情况是，那些食品巨头们想法设法地从中赚取了巨大的利润。那些认为用奶粉和大批量生产的糊状物喂养婴儿才是时髦做法的日子一去不复返了。如今，母乳喂养才是超级现代、流行、健康而又省钱的做法！只有你们自己才能决定怎样喂养自己的孩子以及如何消费，而非那些大型食品公司。以下是顺利实现母乳喂养的一些建议：

• 尽早开奶。在顺利哺乳（大约六到八周后）之前，不要把奶挤在奶瓶中喂养。

• 哺乳要有舒适的环境，姿势也要舒服。如果需要，可使用垫子帮助支撑。

• 保持正确的哺乳姿势很重要，向助产士或卫生访视员征求建议。

- 参加母乳喂养互助小组，交流心得，互相帮助。
- 哺乳应该是一种令人愉悦的、增进感情的过程；因为每一次乳汁的分泌都会引起内啡肽的大量产生，母亲和孩子会因此感到愉快和放松。

> **事实栏**
> 世界卫生组织建议：六个月以内的婴儿纯母乳是最佳喂养方式。

 ## 母乳是婴儿最好的食品

母乳的优势体现在：

- 有助于孩子免疫系统的发育。
- 孩子体重适度增加。
- 有利于牙齿健康。
- 生长发育的速度比人工喂养的孩子快；从长远看，智力水平总体更高。
- 有助于降低孩子患胃病和消化道疾病的可能性，包括牛奶过敏症。
- 降低患哮喘与湿疹的风险。
- 保护母亲免得癌症与关节炎。
- 促进母亲心理与生理健康，降低罹患产后抑郁症的可能性。
- 保护母亲免得2型糖尿病。

- 方便并且免费。
- 促进子宫收缩,消耗母亲每日摄入热量的30%,帮助她们恢复到产前的体型。
- 因为给予了孩子最佳的人生开端而感到欣慰。
- 有助于家庭成员间亲密关系的建立。
- 不给孩子喝配方奶,因为它的生产对环境有害,并且鼓励了传统的高收益的乳品生产,并在生产和运输过程中浪费了大量的能源。

解决棘手的问题

一些女性不愿意哺乳、不能够哺乳或尝试几周后放弃哺乳。这样做或许有几种原因,如:疼痛、营养不良、乳汁不足或持有文化偏见。在西方社会中,乳房被时尚浮华的杂志、电影和海报作为极度崇拜和欣赏的性器官,但却无法容忍它以性器官之外的任何角色出现在公共场合和媒体中。这种界定如此强烈,以致许多女性自己也认为乳房除了作为性别器官外别无他用。为了扭转人们的看法,许多政府现在已经立法,任何人不得阻止妇女在公共场合哺乳。

受到为了使孩子尽早独立的育儿思想和做法的影响,一些母亲拒绝哺乳。对初生婴儿来说,应该按需哺乳。这么小的孩子就让他一直哭到能够独立为止,显然很多人做不到。因为母乳远比配方奶易于消化,因此,母乳喂养的孩子需要更频繁的和有规律的哺乳,而这对于那些日程安排紧张的母亲而言,显然是不合适的。重返工作岗位的哺乳中的女性因为人们对她们的态度或不方便挤出奶水以及储存等问题而影响了母乳喂养的计划。另外，建立良好的哺乳关系，令妈妈舒适的同时也能为宝宝提供足量的乳汁需要一些时间。许多妇女可能误把自己对于乳房和在公共场合授乳的行为所怀有的潜在的态度和恐惧当成授乳困难，并对这种新感觉不熟悉而产生痛苦。

如果你或你的配偶产生上述任何一种感觉，请不要灰心，母乳喂养带给孩子的好处是巨大的，你的身体力行有助于帮助公众转变对于哺乳的态度。然而，如果你选择不哺乳或因各种原因而无法哺乳，也不要有负罪感或失败感。你已经尽力了。很多建议可以帮助你做好人工喂养（详情请参阅本章"人工喂养"部分）。以下是关于哺乳的一些小贴士：

·可以购买、租或借一个电动吸奶器将母乳吸出并装入瓶中，待需要时喂养孩子。

·上班的妈妈应当在工作场所找一个比较适当的地方挤奶，并与你的领导协商，确保他们全力支持你。

·根据自己的需要调整工作时间。

·寻求众多女性朋友的帮助，包括请教曾经哺乳的朋友等。

应该按需哺乳，也就是说，宝宝什么时候饿了就应该喂他，因为这样会确保母亲分泌出足够婴儿需要的乳汁。父母的直觉和婴儿的提示也很重要。刚出生两周的婴儿平均一天需哺乳8到12次，从第二个月起减少至6到9次。婴儿出生后的第一个月内，妈妈会感到自己的时间都花费在哺乳上了。新妈妈应该充分利用这段时间放松自己，享受与小宝宝亲密接触的幸福与乐趣。新妈妈应该注意多喝水，健康饮食，尤其在哺乳期。请记住母亲的饮食会通过乳汁输送给孩子,因此哺乳的母亲不应该饮用过多的咖啡和酒,同时避免摄入食品添加剂和药品,此外,把烟和软毒品完全戒掉。

以下是一些处理哺乳中的问题的自然疗法:

· 经常喂养宝宝可以促进母乳的分泌。

· 将乳汁涂抹在乳头上可加速皲裂的乳头愈合(人乳还可以治疗婴儿眼部感染、乳痂和皮肤干燥)。

· 热水澡、精华油和按摩都可以帮助母亲放松和分泌乳汁。

· 经常哺乳或挤奶可以缓解胀痛的乳房。热敷可以促进奶水的分泌。

· 把洋白菜叶(最好是甘蓝)放进冰箱,然后从中间切开,用一把锋利的刀轻划几下使其中的汁液流出,据说这些汁液可以消炎。将菜叶塞进乳罩,有助于减少乳房的肿胀感并能吸收热量。

· 用基础油稀释后的金盏菊或洋甘菊精油可以用来缓和炎症,但需要注意的是,不可将其涂抹在乳头及其周边部位。

 ## 人工喂养

一些母亲因为健康的原因,比如:乳房切除、缩胸手术、发育异常、激素等不能进行母乳喂养。还有的母亲不愿意母乳喂养。无论你做何选择,一定要自信,并且确保这样做安全、稳妥。广泛收集信息再做决定非常重要!以下是关于奶瓶喂养的几条建议:

·喂奶时尽可能多地和孩子肌肤接触。

·购买玻璃奶瓶而不是塑料奶瓶（许多育儿用品商店或网上都可以买到），防止化学物质析入奶中。

·购买有机配方奶。如果孩子对牛奶过敏，可购买由别的奶如羊奶制成的配方奶。

·尝试牛奶的替代品，比如在某些传统文化中，自制的婴儿奶制品可能适合你的孩子，但是你必须做充分的调查后再做决定。

·给婴儿唱歌、按摩，和他们同睡，用吊兜背他们。

·不要因为你不能够哺乳而产生负罪感，但是如果你确实无法自拔，向你的亲戚或朋友倾诉，或寻求医生的帮助。请记住，你应该为自己对孩子的付出感到欣慰，而不要为你做不到的事情感到不安。

 6个月及以上的婴儿

用传统的方法喂养婴儿。尽管瓶装食品很方便，但是它们价格不菲，而且无法满足婴儿迅速生长发育的需要。虽然人们疲劳的时候偶尔会购买一些这样的产品，但是还是亲手加工的食品最好。

如果宝宝一出生就给他自然、健康的食物，今后他患上心脏病、肥胖症、贫血以及某些急性病如过敏反应、哮喘、湿疹的可能性就会大大降低，同时也较少出现行为问题。与瓶装食品相比，新鲜加工的食物含有更多重要的营养成分，而且不含有多余的糖和盐。许多公司使用淀粉（通常标为米淀粉）和水调制对婴儿没有任何营养价值的食品。你可以购买瓶装有机食品，但是一定看清楚标签，因为即使是由著名的大型婴儿食品公司生产的瓶装食品也不意味着质量更高。查看标签很重要！如果你打算购买现成的食物，请选择有机食品，尽量不要购买大型婴儿食品公司的产品。

这个时候可以给宝宝增加固体食物（但不要早于六个月）。将一点纯米糊加入普通牛奶。随着宝宝越来越具有探险精神，可逐渐加入一点果泥或菜泥。当他逐渐适应这些新口味和感觉后，再逐渐改变份量。

孩子们通常都很喜欢吃甜的蔬菜比如欧洲防风、胡萝卜、甜菜根、红薯、南瓜。一些食品混合后的味道会让你回味无穷！因为这些食物本身富含糖和盐，因此没有必要额外添加。一次做的量多些，把它们装进冰箱速冻，这样可以节省时间和劳动。可能的话，还可以蒸一些食物（能够锁住更多的营养成分），然后用手动的搅拌器打碎，再把它装进冰箱速冻，这样就足够维持几个星期食用了。尽可能购买有机水果、蔬菜和婴儿米糊。

婴儿食品应该是天然、健康而有趣的。没有什么能比新鲜的、最简单的家庭制作的食品更让人放心。随着年龄的增长，他们非常乐于在厨房里帮忙：玩汤匙，混合小扁豆，或者干脆把厨房弄得又脏又乱。尽管如此，这可是一个帮助孩子了解关于质地、颜色、食物来源等多方面知识的绝好的机会。下面为大家提供的是由两岁儿童克莱尔·多纳的母亲倾情奉献的、她最喜爱的家庭食谱。让我们从这里开始吧！请尽情享受如此丰盛的自制食品吧！最重要的，祝你们愉快！

　　进餐时间是有趣的，但同时也是手忙脚乱的时候。父母可以充分利用这段时间发展孩子的技能。如何保持自然、健康的饮食习惯，营造轻松、愉快的就餐气氛，以下为您提供了小贴士：

> **重要提示**
> 　　千万不要把甜饮料装入奶瓶或带嘴的杯子里给孩子喝，它们会腐蚀孩子稚嫩的乳牙，并且形成对糖的嗜好。

> **甜烤南瓜**
> 　　一个中等大小的南瓜
> 　　2~4 汤匙鲜榨橙汁
> 　　一撮肉桂（可不用）
> 　　烤箱预热 180℃，将南瓜清洗干净，纵向切开。用汤匙将籽去除后扔掉。将南瓜带皮的一面向下放入烤盘，并在瓜膛内倒满橙汁。根据个人喜好，可以在南瓜上撒一些肉桂，放入烤箱中烤 50~60 分钟或直到烤熟。从烤箱中取出烤盘放置 30 分钟，然后把橙汁倒入一个碗里，削下南瓜皮（这时应该能轻而易举地去掉）。将南瓜加橙汁一起捣成糊或泥状，如果需要还可以再加入一些水调至恰当的浓度。
> 　　加入一些熟糙米、豌豆和少许碎乳酪，它将成为大一点的宝宝或是学步儿的一道美味佳肴。

菜泥
一份土豆
一份欧洲防风
一根胡萝卜或芜菁（又称大头菜，外形酷似萝卜）
4~5汤匙孩子平时喝的奶或水
将蔬菜削皮并切成丁。上锅蒸10分钟或直到蔬菜变得松软。用筛子挤压过滤，再与水混合。还可以使用搅拌机或食品加工机做菜泥。

芒果糊
适合2~3岁
一份干杏仁
两汤匙纯橙汁
一个小的熟芒果
一根小的熟香蕉
把杏仁放在橙汁里浸泡，并放在冰箱里冷冻一个晚上。
把芒果切片去核。香蕉剥皮并切块。将杏仁、芒果和香蕉混合做成果泥。如果需要的话，还可以加入孩子平时喝的牛奶。

• 避免食用含化学添加剂的食物，盐、脂肪或糖含量高的加工食品，转基因食品和重组肉。

• 阅读食品标签，清楚地了解各种成分的种类和含量。如有疑问，请不要购买。

• 尽可能把水果当作零食，但要避免在用餐前食用。

• 每天给孩子吃五份水果和蔬菜。

• 尽可能给孩子喝水和奶，绝对不要给她喝瓶装或带嘴杯装的含糖饮料，因为这会伤害他们稚嫩的乳牙，并且形成对糖

不加牛奶和糖的松糕

份量：8~12个

150 克纯面粉

150 克全麦面粉

$1\frac{1}{2}$ 茶匙发酵粉

75 克有机苹果泥（如果喜欢，可以给稍大一些的孩子加入蜂蜜）

1 个鸡蛋（如果需要也可用鸡蛋替代品）

250 毫升牛奶糊或山羊奶

90 毫升蔬菜子或葵花子油

150~175 克蓝莓

烤箱预热至 180℃。将面粉和发酵粉倒入大搅拌盆中，加入苹果泥、奶和油搅拌至完全混合——不要过搅！慢慢加进蓝莓后搅匀，也可加任何你喜欢的物料。在小仙人松糕烤盘里摆上松糕杯，或者用松糕烤盘，在每个模子里刷上油。把面糊依次倒入杯或模具中，放进烤箱烤 12~18 分钟。在烤盘中待凉 10 分钟后转移到架子上让它完全冷却。

您可以根据自己口味选择喜欢的原料并随意搭配，或改用以下配方：

一份搓碎的胡萝卜混合三份罐装碎菠萝干

三份碎苹果混合一份泡过的葡萄干

一个去皮剁碎的大桃子混合 50 克树莓

一个柠檬的皮混合 50~80 克小葡萄干

的嗜好。

- 外出就餐时，尽量带上孩子的食物，尤其当他/她还不到三岁时，许多餐馆并不为婴幼儿提供优质的食物。

- 不要让就餐成为一场战役，所以如果你的孩子拒绝吃某种食物，别小题大作，过一段时间后再给他吃。

· 如果大一点的孩子偏食,请不要寻求替代品,并告知他们如果能改掉偏食的习惯,就给他们新鲜水果吃,从而帮助他们建立良好的饮食习惯,懂得重视与欣赏食物。

· 经常全家一起出去吃饭,并且利用这段时间聊天、培养感情和享受彼此的陪伴。

· 平时尽量自己准备新鲜食品,并让孩子加入进来(更多的意见与建议,请阅读第九章)。

有机的真正含义是什么?

有机食品是指遵照有机农业生产标准,限制使用转基因种子和动物饲料、化学杀虫剂、化肥和饲料添加剂种植和养殖的农产品。有机农业遵循自然规律和生态学原理,与周围环境保持和谐,而不是掌控环境。有机种植方法减少了对环境的破坏,生产出更加健康、自然的食物。有机食品中的添加剂、防腐剂、盐和精制糖含量较低,并且无转基因成分。不管在什么情况下都应该仔细查看标签。同时,食物里程应该更短。

食物里程

食物里程就是食物由生产地送到消费者的厨房里需要运输的距离。运输过程中消耗的燃料在燃烧过程中会释放出二氧化碳,加剧了全球变暖。我们对异国美食、非应季水果和便宜食物的爱好以及对去超市购物的情有独钟导致了食物不得不被运送到万里以外的工厂进行加工,然后再被空运或海运到另一块大陆的超市的货架上进行销售。我们应该减少二氧化碳的释放量，购买本地生产的应季农产品。做个有头脑的人。不要以为有机食物没有里程，虽然这不应该，可事实常常如此。一些无良的超级市场喜欢销售价格昂贵的、海外生产的、过度包装的有机食品，而实际上很多产品本国就可以生产。

添加剂

食品的加工过程中，为了使保存期更长，外表更吸引人，或味道更好，通常会加入添加剂。许多含添加剂的食物会让我们上瘾。说实话，哪个小孩不喜欢吃糖？添加剂通常包括防腐剂、人造色素、香精和甜味剂。某些添加剂在动物实验中被发现会引起癌症，已经被一些国家禁止使用。添加剂还可能引起明显的行为变化，比如过度活跃、情绪波动、失眠、头痛、注意力低下、过敏、哮喘、湿疹、眩晕和癫痫。几乎在所有销售给儿童的垃圾食品中都含有添加剂，比如糖果、炸马铃薯片、餐后甜点、谷类食品、果汁和饮料、点心、生日蛋糕、冷冻食品和熟食。家长们应该充分了解情况，并且时刻保持警惕！仔细阅读商品标签，拒绝购买任何含有添加剂的产品。以下常见的添加剂是大家应该特别小心提防的，其中一些色素已经被奥地利等一些欧洲的国家和美国明令禁止使用：

·人工增甜剂：苯甲酸钠（E221），二氧化硫（E220），阿斯巴甜（E951），安赛蜜，柠檬黄，均质脂肪。

·人造色素：喹啉黄（E104），日落黄（E110），偶氮玉红（E122），诱惑红（E129），靛蓝洋红（E132），亮蓝（E133），亮黑（E151），铝（E173）。

- 增味剂：谷氨酸一钠（E621），谷氨酸（E620），鸟苷酸二钠（E627），肌苷酸二钠（E631）。

转基因食品

转基因食品就是指科学家在实验室中，把动植物的基因加以改变，再制造出具备新特征的食品种类，目的是提高其抗病虫害的能力。番茄、大豆和玉米是最常见的转基因食品。有人担心这些农作物只会对相应的杀虫剂起作用，而且非常昂贵。向发展中国家出售转基因种子以提高农作物抗干旱、抗害虫、抗疾病能力的做法是值得称赞的，但是如果使这些贫穷的农民对西方大公司制造的昂贵的杀虫剂产生依赖则是糟糕的。农民也无法从来年的农作物中获取种子，因为大部分转基因农作物的种子是处于休眠状态的。有机和非有机农作物之间施行的异花授粉会产生怎样的效果以及这样做对农民生计的影响至今仍未完全清楚。此外，转基因食物对人类健康是否有危害还没有定论。大多数的转基因农作物都是密集耕种，对野生生物栖息地、土壤、水和环境都造成了巨大的压力。

请选购有机食物吧！有机食品中不允许含有转基因的成分。转基因食品应该在外包装上明示，否则就不应该销售。

有机食品的好处

- 缩短食物运送里程，保护环境。
- 保护家人免受非有机食品生产时所使用的化学物质的伤

害，比如：化肥、杀虫药、杀菌剂、药品和常用抗生素。

·购买有机食品是对当地可持续粮食生产的巨大支持和帮助，这对于靠传统耕种方式谋生的农民来说至关重要。

·为了孩子和环境美好的明天，你的消费选择表明了你的环境观。

·你正在为减少密集农业引起的水污染作出贡献。

·你正在为野生生物多样性及其栖息地的保护作出自己的贡献，因为集约型的农业侵占了大片的土壤资源，砍伐了大量树木以扩大田地。有机农业保护了这些自然资源，并且利用野生生物作为病、虫害的天敌和天然肥料。

·可以确保你的孩子拥有最健康、最美好的人生开端。

·有机食品口味更好，尤其是当地生产的产品，不仅新鲜、含有更丰富的营养物质，而且价格更加便宜。

·自己做出决定，不要受到任何广告的影响。事实上，公司斥巨资做宣传，就是为了打动你的心，进而赚你的钱。就让他们继续自我感觉良好吧！

事实栏

传统农业常用的化学杀虫剂大约有 350 种，非有机食品中常常含有它们的残留物。而英国土壤协会（soil Association）允许使用的虫控物质只有 4 种。

关于绿色饮食的一些的建议

·尽可能地保证孩子午餐盒里的食物是新鲜制作的有机食

品。它们更加健康、成本更低且不需要包装。

・素食为主，这样做对健康有益而且节约费用。此外，与肉类生产相比，蔬菜、水果、坚果、菜豆和荚果在种植过程中消耗的能量和资源更少。

・自己种蔬菜和水果。

・根据需要合理购物。分清必须品和奢侈品，将购买奢侈品的钱省下来买有机食品。

・多吃新鲜、生的或蒸制的食物。比起油炸和煎制的食品，它们含有更多的维生素。

・少吃鱼、肉和奶制品，大多数发达国家的人们对这些食物摄取过量，是肥胖症和心脏病的重要促成因素。

・每人每周食用一、两份肉和一份鱼就可以获得足够的蛋白质，也可以通过食用多种坚果和豆类补充蛋白质。

・货比三家，寻找价廉物美的商品。询问当地的生产商，如果经常购买他们的产品，比如肉或蛋，价格能否优惠。

・去当地的农贸市场购物可以讲价。

・加入食品团购合作组织，以批发价购买有机产品、干货、罐头食品和不含化学成分的家用产品。

・直接从当地的成箱批发商处购买本地产的新鲜有机食物。

・支持本地经济发展，选购农民自己生产的新鲜农产品。

・购买应季或本地产的食物，尤其在超市购物时。

・尽可能自己做饭，而不是购买成品。

・建议学校和托儿所制定健康的饮食方案，比如尽量采购新鲜的有机农产品。

·不要购买转基因食品。

·呼吁制定关于食品添加剂和食品贸易及生产的更加严格的法律。

·阅读并理解食品标签。

·教育孩子冷静面对专门针对他们的食品品牌和市场,鼓励他们做出有益健康的选择。

·购买应季蔬菜菜谱,通过摄取食物中的天然营养成分保持家人身体健康。

绿色育儿指南——食物

♣ 哺乳时间尽量延长。自己动手准备你和宝宝的食物。如果你不会做饭,当地许多社区中心和组织提供免费的烹饪班,这是一个放松自己、与别的家长交流的好机会。每周购买一种有机食物,比如肉或蛋,然后看看情况再说。

♣♣ 联系当地的成箱批发买卖商。如果价格较高,可以与邻居或朋友分担费用。经常购买一些本地或本国生产的有机产品。阅读标签查看生产地信息。

♣♣♣ 尽量购买有机食物。组织食品团购合作,成批购买价格会便宜些。选择本地产品,食用应季食物。还有,如果饮酒,千万记得购买有机酒!

第五章　尿布

在本章中您将了解：
- 挑选适合自己生活方式的尿布
- 节约费用，使用一次性尿布的替代品
- 快捷更换尿布的绿色建议

尿布

想省钱吗？很简单，使用尿布吧。这样你不仅节省了费用，而且为保护环境做出了贡献。

每年多达 180 亿的纸尿裤被送到垃圾填埋地，因为对于一次性使用的产品，目前还没有既卫生又方便的处理方法。在孩子学会如厕前，平均每个家庭花费在纸尿裤上的费用高达约 2 万元。那么，脏了的纸尿裤到哪里去了呢？和别的垃圾一起倒进了位于美丽的乡村中一个被称为填埋场的大坑里，通常尿裤上还沾着婴儿的排泄物。事实上，脏尿裤上大约存在高达 100 种病毒，存活期长达两周。唯一可以排放人类排泄物的地方就是马桶（或是堆肥式厕所，如果你超级环保的话）。

父母眼中的绿色育儿

我尽量只使用天然产品，并给孩子用布尿裤。怀孕的时候，我对所有产品中的香味剂和化学物质过敏。闻到脏尿裤发出的气味和想到将有更多的垃圾被倒进填埋场，我就无法接受让孩子与一次性尿裤中的香味剂和凝胶零距离接触。几年前，我曾给我的小表弟换过起毛尿布巾，因此，尽管我不太懂得怎样折叠尿布，也不太会给乱动的婴儿裹尿裤并用别针固定，但是我无所畏惧。现在有很多合体的尿裤可供选择，而我则会选择预先折好的布尿裤，尽管我承认我喜欢更换正方形尿布片时的一套程序。如果掌握了方法，你会喜欢它的！我唯一不喜欢布尿布之处就是必须准备放置脏尿布的桶。但是，这也比发现纸尿布用完了而不得不跑到商店购买补充装强得多。一个忠告：婴儿的第一片尿布会沾满胎粪。处理它当然会使你不舒服，但不要因此放弃使用布尿布，慢慢就会变得比较容易了。或者在孩子出生一周左右时，先使用环保型的一次性尿裤。

两个孩子的母亲：海伦·欧·高曼，英国法夫郡

纸尿裤的处理如此困难，给环境保护带来巨大难题。由于纸尿裤生产厂商成功的宣传，人们现在相信洗烫布尿布的过程同样会破坏环境。然而，英国土地储备中心的报告表明：与布尿布相比，生产一次性尿裤多耗费的原材料是前者的20倍，能量是它的3倍，水是它的2倍，产生废物是它的60倍。

在布尿布、一次性尿裤和混合使用之间做选择，对环境的影响仅仅是其中一个因素。另一个需要考虑的方面是健康和舒适感。婴儿的皮肤比成人的薄得多，很容易吸收接触的物质。一次性尿裤含有由化学物质制成的、具有超强集中吸收能力的小颗粒，遇到尿液后会膨胀吸收。这种尿裤同时含有二噁英，一种被用来漂白纸张的生物制品。除非别无选择，否则为何让你的孩子接触有害的化学物质？使用布尿布的优点还包括：

·德国的一项研究表明，一次性尿裤的透气性不好，会导致睾丸和阴囊的温度升高，对生殖能力产生影响。然而，这不是最终的结论，关于这个问题，还需要做进一步研究。

·布尿布因为更换更加频繁，容易保持干爽，从而避免尿

布疹发生。

· 使用布尿布的孩子能更快地学会如厕,因为尿布湿的时候他们能感觉到。

任何用过卫生巾人都知道它们有多么地不舒服。想象一下孩子不得不这样穿上三年该是什么感觉!还是选择天然棉或丝的制品吧!

> **事实栏**
>
> "大约80%脏尿布和所含之物都可生物降解。"——英国即用即弃卫生用品行业贸易联合(AHPMA)。
>
> "我们和垃圾填埋场中的每一片纸尿裤的残骸分享我们的星球。"——BabyGROE公司。
>
> "在英国,一次性尿裤占家庭消费总额的4%。纳税人必须花费高达4,000万英镑的费用处置它们。"——英国国家尿布服务协会。
>
> "与布尿布相比,生产一次性尿裤多消耗了3.5倍的能量,8倍的不可再生材料和90倍的可再生资源。"——布尿布专家(The Nappy Lady)。

您知道吗?每天大约有18亿的脏尿裤被倾倒入垃圾填埋场。这令人担心垃圾填埋场会因此被填满,而新的垃圾填埋场又无处可建。一次性尿裤虽然方便,但是每个孩子在学会如厕之前,将用掉大约5,480个纸尿裤。在纸尿裤和布尿布之间,你该做何选择呢?布尿布发展到今天经历了从别针、毛巾布方巾到绉纹塑料防水裤的过程。尽管人们认为与一次性尿裤相比,对布尿布的洗烫也会污染环境,但是如果您不想让孩子在成长的过程中接触化学物质,那么布尿布是一种不错的选择。如果使用纸尿裤,你将增加高达约2万元的支出。那么,如何才能节省开支?笔者归纳了以下几点省钱招儿,供参考。

尿布种类	费用比较	成本效益
毛巾布方形尿布,配起绒布可洗布衬垫或可冲洗衬垫。或是用Nappy Nippas(一种新型的安全别针)来固定,柔软而又防水,而且可随身长调整的高质量的尿布裤	花费最少,可节约15000元	毛巾布方形尿布因为价格便宜、速干而且可随身长调整,因而是非常好的选择。把沾有大便的衬垫丢进马桶,把尿布丢进尿布桶就可以了。装满一桶后把它们放进洗衣机里洗。防水尿布裤可随身高调整,因此不需要准备太多。加强型衬垫保证晚上尿再多也不会湿裤。对于初学者来说,折叠尿布有点难,但省下的钱可供四口人度假
有形的或预先折好的布尿裤,使用的衬垫和尿布裤与毛巾布方形尿布或一体型尿裤相同	如果组合使用,可平均节约高达1万元	最适合忙碌的母亲使用。不需要折叠和安全别针Nappy Nippas,带有五爪扣或魔术贴。一体型尿裤内层是柔软的棉布,外层是做成防水的尿裤样,使用上和纸尿裤一样方便,只是使用过不丢,洗净后再使用,而且没有化学污染。缺点是较不容易干,有些牌子的产品容易漏。户外活动时带上几件,十分方便

许多超市出售可降解尿裤,布尿布,可降解衬垫,可冲洗、不含化学成分的擦拭巾以及专为婴儿娇嫩的屁股设计的系列天然尿布更换用品。各种型号、形状和颜色的尿布和尿布裤都有售,因此你一定能够买到适合你的生活方式和你的孩子的产品。

在各种尿布/裤面前，人们有时会感到无所适从。这时你可以通过问自己下列问题，分清轻重缓急，做出明智决定：

· 你最关心的是省钱、环保、便捷、孩子的健康还是所有这一切？

· 你用什么设备干燥尿布？

· 你会把孩子交给别人带吗？如果是这样，为你提供帮助的人愿意使用布尿布吗（令人难以置信的是，有些人竟然会说"不"！）

· 分娩后的感觉如何？如果你动了手术，有并发症，或难产，那么在尿布的选择上，优先考虑的就应该是便利。

· 你的预算怎样？你现在能承担的费用是多少？是否应该分期支付？

尿布疹及处理办法

很多人错误地将它与布尿布的使用联系起来。独立研究表明，婴儿发生"严重的"和"极度严重的"尿布疹和所用的尿布种类没有太大关系。因此，与普遍看法相反的是，一次性尿裤似乎没有什么保护作用（英国布里斯托大学的简·谷尔丁教授）。然而，如果婴儿的屁股发炎了，下列方法有助于迅速康复，并起到预防作用。

· 避免给婴儿吃酸性食物（如果母亲处在哺乳期，也不要食用此类食物），比如果汁和橙子。

· 尽可能让婴儿光着屁股到处爬。

· 避免使用带有香味的婴儿湿巾和清洁液，因为它们可能会加重尿布疹。使用素棉绒布和温水。

·避免使用以石油为原料制造的臀霜，否则会在婴儿的皮肤上形成防水膜，导致湿气无法蒸发。试试金盏花膏或者将少许人乳涂抹于发炎部位，让其自然干燥。

·尿布一脏立即更换。

 定时如厕训练

这是一种超级绿色的方式。它包括认识并遵循孩子自然的如厕规律，因此可以判断他何时需要上厕所。到如厕的时间就让孩子坐在便盆上，并保证他的舒适与安全，这些做法有助于帮助孩子熟悉如厕的声音和姿势，很快他/她将学会把它们和便盆联系起来。许多传统文化有史以来一直使用这种方法，并且行之有效。它花钱少，无需任何费用，不产生任何废弃物，并且增进父母与孩子之间的理解和感情。也许之前家长需要投入一些时间和耐心，可能还会经历一些挫折。但是想一想从此以后再也用不着尿布了，你就会觉得这样做很值得！

定时如厕训练可在孩子出生后就开始，一般在六个月前进行。"消除沟通法"和"婴儿自然卫生法"是由英格里德·鲍尔创造的词语，交替出现在她的作品《不用尿布！婴儿自然卫生的娴静智慧》中。

没有正确或错误的选择，但是你有权做出明智的决定，因此不要被那些宣称完美纸尿裤的精美广告所动摇。谁也不能左右你。开始你的发现之旅吧！不管你走到了那里，你都会为自己所做出的明智选择感到开心。旅途愉快!

> **绿色育儿指南——尿布**
>
> ✿ 省钱吧!使用布尿布试用装。没有人让你用手洗,只需把脏尿布扔进洗衣机即可。你甚至可以只是有时给孩子用布尿布。
>
> ✿✿ 如果外出,同时使用布尿布和环保型的一次性尿布。尽可能地使用环保的非生化洗衣粉和可降解尿布袋和湿纸巾。
>
> ✿✿✿ 根据情况,选用合适的布尿布,同时使用可降解、循环使用的产品和环保型清洁剂,你甚至可以尝试自己制做婴儿湿纸巾。清洗尿布时,确保洗衣机满载并且水温在四十度以下。在尿布桶内加几滴茶树油除臭,用小苏打加水代替肥皂,不仅健康而且省钱。尽可能地自然风干尿布而不是暴晒,因为太阳的漂白作用会使它们褪色。为了节省电费,也不要使用烘干机。洗衣结束前加一杯白醋作为天然衣物柔顺剂。对孩子进行定时如厕训练。

第六章 保持清洁

在本章中您将了解：
- 婴儿护理用品和家居清洁产品中的化学物质
- 应该避免的化学物质
- 使用天然产品，保持家居清洁

护理用品

助产士们建议婴儿刚出生时只用清水洗澡,许多皮肤专家还建议用清水洗澡的时间应该延长。新生儿的皮肤是全新的。你会惊讶他的小手是如此地柔软精致。婴儿是完美的,无论他们身上的味道如何,他们总是完美的。

如今,皮肤和呼吸道疾病显著上升,如哮喘、湿疹等。研究显示这一状况与我们接触和摄入的物质有关。想一想:我们的皮肤能够吸收大约百分之六十的所接触物质,而婴儿的皮肤厚度只有成年人的六分之一,但是比成年人的敏感五倍。

那么为什么沉迷于将不需要的化学药品涂抹在我们或婴儿的皮肤上呢?很可能是习惯问题和缺乏对正在使用的产品的相关了解。你和婴儿的生活不会因为停止使用这些产品而垮掉。而且,你还会因此节省许多开支。

许多大公司正是基于我们对化妆品和清洁剂中不同香味的迷恋而发展壮大。当新生儿的到来而使你的各项开销增加的时候,实际上,你完全可以不去购买各种护理用品,从而节省一笔额外的支出。不要给婴儿使用清水之外的任何洗浴用品。用脱脂棉蘸上橄榄油给婴儿擦拭会同时达到清洁和润肤的奇特效果。如果你真的想给婴儿好好擦洗一番,尽量购买不含化学物质的有机护理用品,而且少用、慎用。

无论你是否认同以上的表述,你都有权了解真相,做出明智的判断,而不要被那些花哨的广告所左右。

> **事实栏**
> 目前仅欧盟国家每年生产的超过 1 吨的化学物品高达 3 万多种。其中只有一小部分接受过有毒有害物质检验。
> ——绿色和平组织

除此以外,越来越多的大公司开始生产不含化学物质的护理品。它们气味芳香,而且与别的名牌产品相比,在价格上具有优势。你可以在超市中买到这样的产品。选购商品时不要只根据名称就断定它是纯天然的产品。请仔细阅读成分说明,如有怀疑,就不要购买。

> **重要提示**
> 少许蜂蜜、酸奶以及燕麦调和后就是上好的令人精神焕发的面部磨砂膏。

 常用的化学品

尽管还没有定论,然而实验观察和研究表明,使用以下的化学品会产生各种疾病和副作用,包括癌症、肝脏不适和皮肤病。

- 对羟苯甲酸酯,一种食物防腐剂。
- 铝化合物(有报道说它们是致癌物质,但还没有找到确切的科学依据。)
- 尿素,一种防腐剂。
- 十二烷基硫酸钠(SLS),一种强力清洁剂。

- 十二酯硫酸，一种由椰子提取的、比 SLS 稍温和的清洁剂。
- 邻苯二甲酸盐，作为化学溶剂和某些化妆品增香剂的群组名。
- 羟基酸和视黄醇，所谓的抗衰老成分。
- 合成香料，可能包含 50~100 种化学成分。
- 人造香，通过皮肤吸收，可引起肝脏损伤，甚至妨碍大脑正常发挥功能。
- 三氯生，一种抗菌剂。
- 乙醇胺，一种溶解剂和清洁剂。
- 三乙醇胺，常用作分散剂和乳化剂。
- 石油化学制品（包括矿物油和丙二醇），常用于润肤霜中。

家居清洁用品

谁能够忍受那些专门针对妇女所做的关于卫生用品和超能家用清洁用品的广告？有谁愿意花费他们宝贵的时间或金钱担心他们的白色衣物到底能洗到多白？难道更白就意味着更清洁吗？着色剂、合成香味剂、增光剂通常都会给人一种清新、洁净的感觉，但同时也确实给环境带来了压力，甚至可能引发健康问题。在清洗衣物的过程中，这些化学物质的残留物会附着在织物上，然后经过接触转移到皮肤上，从而增加了皮肤发炎和过敏的几率。

家居绿色方案

卫生棉 选择未经漂白的卫生防护垫或者可重复使用的月经带。

保湿剂 尝试不同选择，比如橄榄油、椰子油或者多种香精油。人乳也可以滋润皮肤并且可以舒缓干燥皮肤。

护发 椰子油可作为免冲洗护发素使用。你也可以将煮过的皂角干果做成香波。使用植物型染发剂和指甲花染料。

牙膏 定期进行牙齿保健是一种预防性措施。选择不含水银的填充剂。使用氟化物和不含化学物质的牙膏，以及木制的天然鬃毛刷。

爽身粉 玉米淀粉天然丝滑，可以取代爽身粉但却不含刺激的香味和使皮肤脱水的化学物质。

除臭剂 除臭水晶石，不含化学品的除臭剂。

化妆品 尽量少使用，并购买不含化学成分的产品或自制化妆品。

肥皂 购买蜂蜡或植物提取液制造的肥皂。用皂角干果制作肥皂。

防晒霜 通过遮蔽或呆在阴凉处，让家人接受适度的日光浴。使用不含化学品的植物型防晒油。

护肤油 将两份玫瑰水与一份金缕梅混合，用雾化器喷射出来。

泡浴 一勺泻盐使泡浴宜人舒心。自制气泡弹：三勺小苏打、一勺半柠檬酸再加几滴精华油，完全混合后滴上一滴水，存放在一个塑料袋中。也可以进行燕麦浴。在老式的棉袋或薄纱袋子中放入一把燕麦，然后将它放入洗澡水中。

香水 精华油和100%的天然植物香剂代替含有化学物质的香水。

大多数以石油为原料生产的活性剂（洗涤剂）通常来自于不可再生资源，它们的生物降解速度比以植物为原料生产的洗涤剂慢，而且在此过程中产生的复合物比原来的化合物的毒性更大。许多欧洲国家政府正在研究制定政策，强迫家居清洁用品的厂商告知消费者产品中所包含的化学成分。然而，到目前为止，生产商们仍然随心所欲地添加任何他们想用的化学物质。

家居产品中含有的漂白剂进入我们的水体中，威胁着野生动植物的生命，阻止了垃圾和污水的有效分解。多用清洁剂中最常见的成分（高达90%）是水，通常还包括无法回收再利用的包装材料。它们浪费了大量的时间、能量、资源，最重要的，你的金钱！

有些公司生产温和、天然的清洁用品。大多数超市现在提供至少一种环保型清洁产品。

除了传统的洗衣粉，你还可以选择洗洁球，洗衣时代替洗衣粉将它们放进洗衣机。它们会产生离子化氧，自然地激活水分子，并深入衣物纤维将脏物带走。这种产品可以重复使用1,000次以上，而且无刺激性化学成分，对环境的污染少。然而，对于它们的洗涤效果如何，众说不一。

皂角干果也可以替代洗衣粉并且能够生物降解。这是一种原产自印度和尼泊尔地区的一种高大的乔木的果子，当地传统用它来洗衣。它含有皂草苷，是一种天然的肥皂。还可以将它们煮沸后作为香波、洗手液、沐浴露使用。

事实上，很多天然物质可以用做清洁用品，比如：醋可以用来软化织物，茶花油加水可以做天然消毒剂。

天然清洁剂主要包括：

・白醋

・小苏打

・一水合碳酸钠/苏打结晶

・硼砂

・泻盐

・家用食盐

・柠檬汁具有淡淡的香味，而且是一种天然漂白剂；用柠檬皮擦拭过的物体会变得洁净有光泽。

・茶树油

> **玻璃清洁剂** 将5份水和1份醋装入再生喷雾瓶。价格比玻璃清洁剂便宜很多。
>
> **厕所清洁剂** 晚上将一些醋倒入马桶内，第二天一冲马桶就变得亮闪闪的了。每天简单地洗刷一次就无须另外购买马桶清洁剂。
>
> **漂白剂** 将纯柠檬汁涂抹污处，如遇顽固污渍，泡上一整夜后再清洁。
>
> **织物清新剂** 在橱柜里放入干薰衣草或薰衣草植物蜡，保持衣服清香。
>
> **擦锅器** 用泡打粉代替金属丝球擦洗锅，不会破坏涂层。
>
> **地面清洁剂** 在热水里加一些搓碎的肥皂和泡打粉。加水或醋刷洗效果更佳。
>
> **杀菌剂** 将丁香精油或茶树精油与水混合，用喷壶喷洒在窗帘和瓷砖上杀灭细菌。
>
> **洗碗液** 将小苏打、硼砂和新鲜的柠檬或柠檬油混合制成家用洗碗液。

- 薰衣草油
- 用蜂蜡擦拭家具和地板

上述物质可广泛用于家居清洁。你无须再去购买传统的清洁用品，因此可以节省不少开支。你可以从下列配方开始。更多天然清洁方法，请查阅有关专业书籍和网络资源。

绿色育儿指南——家居清洁

❀ 你简直不能相信，少买些清洁用品和化妆品可以节省多少开支！远离人工香精，你的孩子会多么健康！给婴儿洗澡用温水就可以了，偶尔也可以使用天然皂。以橄榄油润肤（先做小范围皮肤过敏测试）。如果你坚持使用有香味的产品，一定要彻底清洗干净。

❀❀ 尽可能购买天然的化妆品和清洁产品，为了保持持久的效果可偶尔少量使用，特别是用在婴儿的和敏感的皮肤上。使用未经漂白的卫生用品，拒绝气雾喷香器和含铝的除臭剂。

❀❀❀ 平时尽量用天然的化妆品和清洁产品。自己制作清洁产品和化妆品。购买再生未漂白的卫生纸。使用皂角干果和洗衣球。

第七章　健康

在本章中您将了解：
- 发挥健康服务的积极作用
- 家人自然健康之道
- 儿童接种疫苗

保健选择

家长都希望自己的孩子始终保持健康而充满活力,但生活中难免会遇到碰撞、擦伤或者生病的情况,提前了解保健选择可以帮助你解除后顾之忧。如今,各种各样的清洗液、药水、补充剂、医疗救助手段和替代疗法令人眼花缭乱。初次接触它们,你肯定会产生困惑。因此,关键在于尽可能地简单化,向身边的人征询,请他们给你出出点子。购买相关书籍作为指导,及时了解信息。不要害怕向医生提问。

一些自然疗法有助于治疗儿童疾病,下面详细介绍几种:

头痛

大量饮水,在太阳穴处涂抹一点万金油(只适用于成人和大龄儿童)。按摩。

咳嗽

自己制作咳嗽糖浆:将百里香的叶子浸泡在一杯沸水里,冷却、过滤并将满满的一甜品勺的蜂蜜与之均匀混合,倒入玻璃瓶中并放入冰箱冷藏,在需要的时候拿出来饮用。

呼吸道疾病

对于婴儿可以使用喷香器。松树、桉树和百里香精油对呼吸道疾病有很好的疗效。而对于成人和年龄较大的孩子来说,可以在玻璃碗里倒满开水，加入下列之一：薄荷脑、万金油、茶树精油或者上面提到的精油。如果能得到风干的桉树叶更好。让热水稍微冷却一下，把头置于碗口上（不要离得太近，以免烫到）。用一条毛巾同时遮盖头和碗，以防水蒸气散发。深呼吸。

花粉热

接近过敏源时在鼻腔内侧设置一层屏障比如橄榄油。在过敏季节来临之前连续两个月吃当地产的蜂蜜。

膀胱炎

大量食用/饮用任何形式的小红莓（蔓越莓），同时要多喝水，避免食用酸性食品和饮料。

霉菌性口炎

口服嗜酸乳杆菌胶囊。食用含天然乳酸菌的酸奶，同时将其涂抹在患处。把茶树油、佛手柑精油和基础油混合，涂抹于患处有助于止痒。避免食用甜食和产生糖分的食物，例如小麦和乳制品。

消化系统疾病

食用煮熟的短粒糙米。饮用薄荷茶，吃一些姜制品。避免脂肪、糖类和酸性及辛辣刺激性物质。

水痘

用加了小苏打的温水洗澡可以减轻皮肤瘙痒的感觉。

咽喉炎

饮胖大海或麦冬等药草茶。

感冒

感冒初起时不应该抑制其发作，因为从发病到痊愈有一个自然的过程，这一点很重要。准备一杯热水或开水，放入鲜榨柠檬汁、蜂蜜、蒜泥和一茶匙碎姜，混合浸泡直至冷却。这个疗方有助于减轻感冒症状，驱走体内寒冷。虽然感觉难以下咽，但是如果在感冒初期饮用，真的很有效。可以加许多蜂蜜消除大蒜味。如果伴有发烧，再加一点辣椒。这样做有助于消炎，使感冒痊愈。注意该疗方不适合儿童！多休息，多喝水。

耳疼

用热水袋或热垫对耳朵进行热敷能够镇痛。把橄榄油或毛蕊花油稍加热后，用药棉蘸上一些或通过吸（量）管挤几滴入耳，可以减轻耳痛。

发烧

发烧是人体动员自然治愈力来防御疾病、净化体内有害细菌和感染的一种机制。干烧是危险的，但湿烧却是人体恢复健康的手段。多休息，尽可能多吃流食。当婴儿发烧时，尽可能让他多喝奶。如果体温还未退下来，泡个温水澡或者淋浴，同时用海绵擦擦身子。轻轻拍干，穿上薄衣服。保持室内空气新鲜。食欲不振是常见的。如果发烧持续不退或体温过高应马上请医生诊断，以免婴儿出现高热惊厥的危险。

湿疹

避免使用以石油为原料生产的和类醇型的乳霜、肥皂、有香味的产品和洗衣粉。宝宝的饮食中应该取消奶制品、小麦、精制糖和成酸性食品。应该增加一些柔滑肌肤的食物，如燕麦、大麻油和其他富含脂肪酸的食物。泡个燕麦浴并确保晚上卧室通风良好。如果有可能，床上用品和睡衣最好都是天然有机棉制成的。确保患者尽可能地平静，避免因任何来自日常生活的压力而激动。饮食方面的注意事项同哮喘病患者。请医生做更深入、全面的诊断。

虱子

用含茶树油的草本洗发露洗头发或者在漂洗时加入茶树油。也可以经常用细齿梳子梳头，起预防作用。避免使用化学制品（有机磷酸盐）。在网上收集各种自然疗法。

麻疹

多休息、调理和父母的关怀。请参阅上文"发烧"部分。

出乳牙

佩戴琥珀出牙项链可帮助正在长牙的孩子止痛。琥珀被认为是天然的止痛剂。

尿布疹

请参阅第五章。

 ## 疫苗接种

作为父母，最重大、最难做的决定之一就是孩子该不该接种能够预防许多重大疾病的疫苗，比如：小儿麻痹、腮腺炎、麻疹、脑膜炎和白喉。面对众多的关于疫苗接种副作用的相互矛盾的报道和尚无定论的研究，父母们很难做出抉择。

预防接种旨在帮助人们获得对严重传染病的特异的免疫力，有效地防止疾病的群体传播。换句话说，如果没有人得病，那么，这场疾病也就无从传播。然而，反对的人认为，许多重大疾病的控制需要通过改善卫生设施和提高卫生标准实现，而不仅仅通过接种疫苗。

预防接种就是把毒性极低的病菌或毒素注入血液，使人产生抗体，从而对某些疾病产生一定的免疫力。体内的抗体记忆细胞随时做好了抵抗相应疾病的准备。在大多数国家中，人们可以选择是否进行疫苗接种，但是在一些国家中，没有接种的孩子就不能上托儿所和学校。

许多人认为，婴儿两个月大时就开始接种混合疫苗，然后按照计划，在生命的头一年中反复接种疫苗，这对于他们尚未发育完全的免疫系统来说是超负荷的。还有一些人认为，把病菌或毒素注入血液的做法实际上忽视了人体自然免疫系统的反应，由此产生的抗体与自然反应是不同的。当传染病真正发生时，这种抗体在多大程度上起到保护作用，人们对此提出了质疑。此外，疫苗里还含有各种各样的化学物质，比如水银和铝，还有动物和鸟类的细胞，这也是很难被一些父母接受的原因。

然而，关于疫苗接种的争论和最近媒体的关注都投向了因为疫苗接种而产生的慢性病，比如湿疹、哮喘、糖尿病和变态反应，其中最令人忧虑的是孤独症。

政府花费了巨资进行宣传，鼓励家长让孩子接受免疫接种，却极少提供关于其他选择的信息。在这种大背景下，许多组织纷纷涌现，他们向社会公布关于疫苗接种必要性的研究结果和有关信息。

其实对这个问题的回答不存在正确与错误之分，每个人都可以根据自己的情况作出决定。不用着急，先做好充分的调查。可以向医生、卫生访视员和朋友们咨询，了解他们的诊疗经历，探讨其他可行的选择。随着了解的信息越来越多，你可以将赞成和反对的意见列出清单。记住：你随时可以决定让孩子接种疫苗，或选择接种某种而不是混合疫苗。或许等到孩子的免疫系统发育得更为成熟的时候（大约2岁）再接种疫苗对你来说是一个不错的选择。

不管你对孩子接种疫苗的态度如何（同意、坚决反对、以后再种），如遵循以下基本原则，您的孩子将获得最佳的天然免疫力！

·了解各种疾病的症状，这样如果孩子病了，可以尽快得到诊断、治疗和康复。

·如果孩子生病了，抽出时间看护她，鼓励她靠自身的力量战胜病魔，藉此提高自身的免疫力。

·只要有可能，就用母乳喂养你的孩子。

·求助于来自替代医学的支持（在我国，中医是最系统、最可靠的自然疗法，在儿童保健方面有独特优势）。

·不要为你的孩子创造一种绝对清洁的、无菌的环境——允许他们弄脏自己，依靠自身的免疫系统抵抗入侵的细菌，有助于增强他们的免疫力。

·确保孩子多做运动，并呼吸大量的新鲜空气。

·保持饮食新鲜、健康，也许还可以增加超级食物以增强孩子的免疫力。

·避免经常使用抗生素，除非孩子确实需要。

自然疗法

人们生活中的一个常见的现象是：我们一有病就会跑到医生那儿拿抗生素或者一点小病就吃烈性药。尽量少吃药，请你的医生为你提供自然疗法。

补充疗法可以用来作为传统疗法的补充，或单独用来治疗诸如硬伤、出牙、腹痛、分娩、背痛和臀位分娩。补充疗法种类繁多，受篇幅所限，无法一一列举。这里将为大家介绍几种最常用的疗法。补充治疗法对于不同的人群会产生不同的效果，然而不管它是否有效，尝试的好处就在于它们是天然的，不含化学成分，而且最大程度上给予人体自疗的机会。各种疗法的有效性在很大程度上取决于医师的技术水平和诚实度。因此在选择医生时，确认他们是否已经注册或者得到政府相关部门的认证很重要。除此以外，别人的推荐也很重要。先请医生诊断病情，提供诊疗方案，然后查阅参考书或向注册医生咨询。你为家人健康尽了最大的努力，为这一切感到骄傲和自豪吧！

补充疗法入门

针灸

这是我国传统医学的特色疗法。以中医学基础理论和脏腑经络腧穴理论为基础，运用针刺和灸法作用于特定穴位，治疗特定疾病。请选择正规医院的注册针灸师为你治疗。针灸可用来治疗多种疾病。

芳香疗法

从植物和草药中提取的精华油可用于治疗小毛病或较为严重的疾病，还可广泛用于家庭生活中。精华油的用法很多，比如可以放入喷香器喷香、加入洗澡水中、以鼻吸入或做按摩油。阅读参考书了解一些基础知识。但是如果你怀孕了，当身体出现任何不适时，务必请专家诊治。精华油未经稀释不能直接用于皮肤，但是对于烧烫伤，可将一滴薰衣草油直接滴于患处。粉刺和丘疹可使用茶树油。去按摩时尽量不要去美容院或休闲健身中心，因为他们的治疗没有针对性，主要是帮助你达到放松的目的。去心身医师处就诊，他们能够从身体和精神两方面治疗你的疾病。

顺势疗法

顺势疗法的理论基础是"共鸣"或"同感"的作用，任何使你致病的物质，如果小剂量服用它，同样能治愈你的疾病。顺势疗法是德国一名医生于1979年发现的。家庭用全系列顺势疗方套装，包括旅游、急救、怀孕和分娩。尽管顺势疗法行之有效，但是对于比较严重的疾病，患者还是应该去就医，因为顺势疗法的前提是需要对病人做综合、持续的诊断。这种疗法目前在我国应用尚不普遍。

草药疗法

日常生活中我们常常会不自觉地使用一些草药疗方，比如：酸模叶植物治疗荨麻疹，荷兰芹消除口臭，紫锥花增强免疫系统。事实上，从珍奇药品到普通的绿篱植物都可以入药。草药可制成药片、酊剂、膏状或敷布。草药疗法的疗程通常比较长。

> 按：在我国有丰富的中成药可供选择。请在注册中医师指导下选用。

花精疗法

现代花精的创始人为爱德华·贝曲医师。花精的制作非常简单，将萃取的植物精华浸泡于水中并装瓶保存。虽然花精疗法的疗效尚未得到证实，但这些所谓的药方已经十分流行。最常用的花精疗方是急救花精。澳大利亚和喜马拉雅灌木香精和雨林香精也很常用。

颅骨按摩法

用手轻轻地按摩骨头尤其是头骨和脊柱，可以使身体的自然节奏恢复正常，促进血液循环，保持淋巴系统平衡。这种疗法对儿童更加有效，常可用来治疗经常哭泣的、无法入睡的或患有严重肠绞痛的婴儿。对于成人，它可以有效地治疗颈、背、肩膀痛、偏头痛和促进血液循环。

整骨按摩法

整骨按摩疗法是 1870 年由美国内科医生先驱安德鲁·泰勒·思提尔医生所创立。这套诊疗系统通过推拿和按摩重点解决骨骼肌肉问题（尽管一些疗派通过对人体更多不适部位的按摩也达到了很好的临床治疗效果）。与整脊术不同，整骨按摩法认为导致身体不适的原因是血液供应而不是神经分布遭到破坏。推拿的目的在于缓解肌肉骨骼的僵硬和紧张，帮助脊柱活动自如。整骨按摩法可以治疗多种疾病，比如：椎间盘脱出，关节炎，腰痛，坐骨神经痛，神经炎，风湿痛，紧张性头痛，异常弯曲，运动创伤，消化障碍和痛经。

灵气疗法

灵气疗法是源自日本的一种精神治疗法。它可以将宇宙的生命能量，透过治疗者的双手，在没有真正接触的情况下，传导入接受者的有关部位。它是一种细微的、柔和的治疗方式，常用来舒缓紧张、头痛，消除情绪郁结。灵气疗法也有助于缓解妊娠期间的不适，属于轻松分娩方案的一部分。同时该疗法还有助于加速产程。虽然关于它的有效性目前还没有证据证明，但是如果对于这种疗法你感觉不错，而且也有效，何乐而不为呢？

反射疗法

反射疗法通过刺激足部、手部的特定反射点来对身体的对应经络、器官和部位发生反射作用，疏通能量阻塞，帮助身体痊愈。好的治疗师仅仅通过触摸病人的手和脚就可以诊断出发病部位和能量阻塞处。对应发病部位，病人的手或脚的某些部位会产生压痛感，甚至轻微疼痛。掌握一些基础知识，你就可以在家中给孩子治病。与针灸相同，它源自远东。

整体疗法

它的基本含义是维护我们的全面健康：精神、身体和心灵。现代医学通常在没有充分认识疾病的根本原因之前，仅根据症状给予治疗。现代医学还认为，个体的生理功能完全相同，只是由于环境、饮食、生活方式和基因的细微差异，需要根据不同的个案制定个性化的治疗方案。以下的因素会对我们的全面健康产生影响。

压力

压力是造成员工缺勤、感冒和流感（可能部分地由压力所致）的主要原因之一。令人担心的是，越来越多的孩子承受压力之苦。现在的生活方式不允许我们从容轻松。我们得争分夺秒，甚至度假的时候还要工作。经过两周的松弛和修整后，我们又投入到紧张的工作中。作为父母，我们必须照顾好自己，否则无法应付繁重的生活压力。一些简单的方法可以帮助你缓解压力，比如每天抽出一些时间独处、锻炼和呼吸新鲜空气，接受来自配偶或朋友的家庭按摩，沐浴，阅读，从事业余爱好，甚至可以从1数到10。虽说它们简单易行，很多人却发现很难对自己的生活做这样一些小的改变。如果压力已经对你的身体造成了严重的影响，可以集中精力练功比如深呼吸和瑜伽。顺势疗法、草药疗法和芳香疗法同样可以用来缓解压力。

运动

健康的生活方式离不开运动。越来越多的人上班整天坐着，加上影碟机和电子游戏，我们的体重增加了，意志消沉了，身体产生了不适。更多发达国家的孩子体重超标，易患上2型糖尿病、心脏病，出现以强凌弱的行为。去健身房锻炼是个很好的开始，但是，没有电视和嘈杂的音乐干扰的户外运动更益心灵，而且去健身房的费用昂贵。游泳、骑车、瑜伽（同样适合孩子）、跑步、体育运动、散步和跳舞都是很好的锻炼方式，有些甚至是免费的！

新鲜的食物

新鲜食物中含有的天然化学物质以维生素、矿物质、蛋白质、酶和酸的形式出现，它们不仅使我们保持身体健康，而且可以治疗疾病。比如，芹菜可以治疗轻微的呼吸道疾病，辣椒有助于消炎，大蒜可以增强天然免疫力和生育能力，萝卜可以治疗咳嗽和咽喉疼痛，菠萝汁帮助消化，并且对心血管疾病有一定的治疗作用。胡萝卜是一种营养丰富的蔬菜，最近发现它还含有一种能够抵制癌变的化学物质。几百年来，食物被用来治疗疾病，现在我们没有理由不继续这样做。在需要的时候，将它同健康的生活方式、各种自然疗法及现代医学相结合。汉堡可无法满足这样的需求！

睡眠

无论成人还是儿童，睡眠对于保持健康非常重要。缺乏睡眠将导致一系列的健康问题，包括易怒、免疫系统功能低下、极度活跃、意志消沉、头痛等。确保你和宝宝都能得到充足的睡眠。随着成长，宝宝会形成比较固定的生活作息时间。一旦规律形成，就不要轻易去打乱它。我们大多数人都曾经历过在某个阶段由于过度繁忙紧张而失眠的情况。躺下之前把心中的烦恼和问题想通有助于放松神经和静心。临睡觉前看一小会儿书也很有用。卧室应该尽可能地安静和昏暗，并且将所有的电器插座拔下。对于一些人来说，不论年龄大小，舒缓的音乐也有助睡眠。香蕉和热茶（不含咖啡因和酒精），如甘菊茶和大麦茶，有助于睡眠。草药疗法中的缬草和西番莲也可以用来治疗失眠症。

绿色育儿指南——健康

❀ 健康饮食，充足睡眠，规律运动。不吃加工过的食物，尽可能地多吃新鲜食物。只有在万不得已的情况下才服用抗生素和药物。尝试各种土方如蜂蜜和柠檬饮料。

❀❀ 保持健康的生活方式和态度。购买关于食物和常用的自然疗法的书籍，并且尽可能地加以利用。对于不严重的疾病，在医生诊断病情之后，尽可能地采用自然疗法。给孩子接种疫苗前要慎重考虑。少用现代医药并在当地的小药房而不是大型连锁店或超级市场购买，这样做有助于当地经济的发展。

❀❀❀ 置备一个绿色急救药箱。寻找适合你们的补充疗法师，坚持小病请他们治疗。同时，尽可能多地收集关于常见病的自我诊断和治疗方面的信息。定期体检，预防疾病。请记住，自己和家人的健康应该是全方位的：精神、肉体和灵魂！

第八章 服装和用品

在本章中您将了解：
- 远离衣物中的化学物质
- 购买价廉物美的绿色服装
- 合理安排需求

一个不争的事实是,我们生活在一个以消费者为主导的社会中。我们相信,个人的价值取决于其财产和外表。一个国家的文化、社会和政治状况同样是由消费者所购买的商品或服务所决定的。有些人甚至认为消费取向比投票结果具有更大的政治影响力。不管你立场如何,为了保护环境,身为父母,我们应该尽可能地做负责任的消费者。记住:聚沙成塔,集腋成裘。今天的消费方式决定了未来的全球形势。如果消费者表现出对良心或可持续产品的偏爱,就会迫使大型跨国公司一改做派,马上跟进。

 服装

服装是一种必需品,但是我们很少质疑它们的生产过程,并且常常因为是去年的旧款而恨不得马上将它们丢弃。棉是服装生产中最广泛应用的材质,然而与其他任何一种农作物相比,每公斤棉花的种植会用掉更多的剧毒杀虫剂以及宝贵的水资源。生产一根棉签需要消耗 3 升的水。根据农药网的信息,棉花种植使用的农药量占所有农作物的 25%。多种剧毒的农药被排放入水系,导致发展中国家每年超过一百万的农业人口死亡。此外,农药还残留在成品布上。另外,传统的棉花种植方式也加剧了温室气体的排放。

面料制成后要对它们进行各种染色和化学处理使衣料柔软,具有抗皱、防燃、防蛀和抗污能力(因此衣物的标签明示消费者清洗后再穿)。残留的化学物质导致了孩子与成人的呼吸道疾病和过敏反应，这些化学品包括：

• 甲醛类产品，通常被用于防止衣物缩水。

• 石油化学染料，用来给一些织物染色。它不仅污染水系，而且会残留在织物上。

• 挥发性的有机化合物和含有二噁英的漂白剂。

• 尼龙和聚酯纤维是由石油化学产品制成的，生产过程中会产生温室气体一氧化二氮，其对环境的影响是二氧化碳的310倍。

• 人造丝是由经过化学物质包括氢氧化钠和硫酸处理的木浆制成。

• 织物中使用的固色剂通常来自重金属材料，对水循环系统造成污染。

• 腈纶面料是聚丙烯腈，有致癌作用。

• 经过防火处理的衣服和面料，如儿童睡衣，会释放甲醛气体。

批量生产的服装通常由设在发展中国家的缝纫厂生产，制造的过程不合标准，工人的工资微薄。一双名牌运动鞋的价格比印度普通工人的月工资还高，而这些工人的年龄常常是9岁以下。

> **重要提示**
> 尽量购买有机棉制成的服装，即使只是一件T恤衫。

你也许听到过人们为商业街上的某家时装连锁店和超市因

为工人的工资和工作条件被曝光而展开的争论。当我们从本地超市以较低的价格买到漂亮的婴儿服装时,实际上我们可以从别处买到更多。如果你不想浪费大量金钱在大型超市和繁华大街旁的时尚店里购物,请阅读下面内容。记住:这是你的钱,你有权做出决定。

孕妇装

在妊娠的头三个月里,孕妇们可能为找不到合适的衣服而烦恼,因为许多孕妇装都是为妊娠中期的妇女准备的。因此,准备怀孕的准妈妈不妨花点钱购买一些弹力服装,这样可以顺利度过整个孕期。也可以考虑购买稍大尺码的服装。

可以手工改制腰身或购买腰身扩展器。腰身扩展器的用法是:拉开裤子拉链,将紧临着拉链头的裤腰分别插进扩展器上、下相对的两个三角形卡子里,旋转位于扩展器横杆中间的调节钮直至合适的尺寸。

另一个问题是传统的孕妇装样式单调、过时,穿上它显得十分臃肿。如今,这种情况已经有所改变。位于商业街的品牌或时装店里都提供多种时尚的孕妇服装。

不要忘了告诉朋友和家人把他们穿过的孕妇装送给你。但是如果你想奖励一下自己,或参加一些重要场合的话,许多当地或本国公司提供了漂亮的、由有机原料制成的孕妇装。网上会提供大量的信息,这对于处于孕中、晚期的妈妈而言不啻是一个福音——谁想拖着沉重的身体逛商场?谨慎购物、独出心裁,准妈妈们一定能在省钱的同时变得更加美丽!

婴儿服装

无论你给宝宝穿什么，不管是最昂贵的名牌服装还是一片尿布或一双长筒靴，他/她都是你的漂亮宝贝。重要的是宝宝穿着温暖、干燥、舒服而且不受化学物质的伤害。新生儿可以整天就穿一套衣服，但是因为成长得快，衣服很快就变小。因此，在头几个月内，你只需要准备几套服装即可。连体衣可能是功能最多的一种了。很多公司提供由有机材料制成的连体衣产品。以下内容将会帮助你以最省钱和最环保的方式打扮宝宝。

避免购买的服装

不要购买腈纶、聚酯、人造丝、醋酸盐、三醋酸纤维、尼龙材质的和任何标注为防静电、抗皱、永久定型、免烫、防污或者防蛀的服装。

天然纤维

坚持选择棉、亚麻、羊毛、丝绸、大麻和山羊绒制成的服装。它们比人造纤维具有更好的透气性，使身体免于接触湿气，并且含有更少的化学物质。然而，它们也会含有一些农药和别的化学物质的残余物，所以尽量购买有机材料制成的衣物。许多人还认为购买丝绸是不符合伦理的，因为丝绸的原料是蚕，同时需要高投入。

清洗新衣服

通过清洗，可以去除残留在衣料上的合成化学药剂。宝宝诞生之前，可把为他/她准备好的衣服放在床上和你一起入睡，这样衣服纤维中就会充满你的气味，而不是香水或者化学物质。

有机衣物

有机衣物含有的化学残余物比传统衣物少，从而保证了宝宝娇嫩的皮肤不受伤害。那些患有呼吸道或者过敏性疾病的婴儿的家长尤其应该选购这种衣服。有机产品对自然资源和环境的影响更小。许多家长认为有机衣物价格昂贵，是奢侈品。然而，事实上，有机衣物和商业街上的婴儿服饰商店里的衣服价格差不多，和名牌衣服相比，也要便宜得多。

二手衣物

通过购买二手衣物，你就是以一种更好的方式为绿色事业做贡献。旧衣服中的所有的化学物质已经被洗掉，同时，你也用自己的实际行动表达了爱心。你可以去当地特卖场购买近乎全新的婴儿用品。另外，别忘了向自己的亲戚或朋友要一些旧衣物。

本地或本国生产的服装

和批量生产的服装相比，它们的质量更高，同时，通过购买这些产品，你资助了本国的小型家庭手工业和企业，为当地和本国经济作出重要贡献。

超市服装

虽然价格便宜，但是它们肯定是由设在发展中国家的工厂批量生产的产品（可查看标签）。这些服装经过了大量的化学物质的处理，而且进行了大量的、不必要的包装。这样的产品一点也不好！

选择无镍制扣合件的衣服

镍是一种日常生活中广泛使用的金属，从硬币到首饰都含有一定的镍，包括婴儿服装上的扣合件。对镍的过敏反应经常发生，成为十大最常见的接触性皮炎之一。其症状是接触部位皮肤肿胀、发痒、变红。各个年龄段的人都可能发生镍过敏，但是婴儿娇嫩的皮肤反应会更加严重。许多负责任的婴儿服装生产商会标示扣合件是否含镍。如果标签上没有明示，那么很可能这些衣物是含镍的。

亲手制作衣服

在网上很容易购买到有机的服装，除此以外，你还可以自己制作婴儿服装。简单的衣服，比如婴儿裤和围嘴都是特别容易制作的。

合理安排需求，只购买必需的而且是由有机原料制成的衣服

如果预算紧张，那么可以考虑购买二手衣服，或从朋友那儿借衣物，或买几件贴身穿的有机服装，比如睡衣和贴身衣。

裸体的婴儿最快乐

衣不蔽体对于父母来说不一定是最好的，但对于婴儿来说无疑是最棒的。没有比摆脱衣服的限制而四处漫游更让他们欢喜了！

稍长的孩童和其他家庭成员

给稍大的宝宝和家庭成员买衣服时，仍然要坚持原则，只购买你真正需要的产品。如果预算紧张，那么合理安排需求，购买二手衣物。如果买新货，选择有机产品。这些衣服多来自家庭手工业。网络上也出现越来越多的时尚的伦理衣服。许多位于繁华商业街旁的名牌商店也注意到市场的变化，于是也提供了一些有机产品。

绿色育儿——现身说法

起初我在给孩子购买二手衣服和物品时感觉怪怪的甚至有些悲伤，但是很快地，我开始热衷于购买便宜货。我在处理二手衣服上实在很有创意，很多朋友开始效仿我的做法。我承认这么做节省了很多钱，不久以前，我又意识到我为环境保护和慈善事业做出了贡献。我习惯去位于富人区的二手商店购买质量好的商品。

丽莎·麦卡洛克，初为人母，英国德比郡

 ## 用品

从妊娠、分娩到婴儿出生后最初几年，父母们会受到无数商业广告的轰炸。那些大公司的广告都怀有一个不可告人的目的：作为父母，如果你不把自己辛辛苦苦挣来的钱用来购买最新的小玩意和小装置，你就不是最称职的父母。你的孩子可能会被烧伤、淹死，行车过程中因为颠簸而受伤，在撞车事故中出危险，甚至，当这一切都不会发生时，你的孩子会感到无聊！凡此种种的警告层出不穷。实际上，这些宣传纯属无稽之谈。不要被这些花言巧语的广告所欺骗，要根据实际需要做出明智的决定。你的孩子需要你给予他们保护、温暖、食物，保持他们整洁和喜欢他们。即便是给孩子配置时尚而又高档的装置，比如能够变成游艇状的带有幼儿汽车安全座椅的手推车，或者会说话的便盆，也不会使他们变得更加优秀，获得更多的安全感,或者爱你更多。事实就是这样。

除此以外,生产和运输能够满足未来三年需要的商品消耗了大量的资源和劳动力(一部分必然来自发展中国家)。这种消耗方式显然是难以持久的。以下为您提供了一些建议。如果您这样做了,在供应孩子所有必需品的同时,您会感到非常欣慰,因为您不仅做出了明智的决定,而且为子孙后代的成长和繁荣发展提供了一方净土。

婴儿车和童车

这可能是你给婴儿购买的最贵重的商品了。婴儿车和童车的种类实在是太多了。如果你想省钱,那么就购买一款可以用到学步时期的产品,称为婴幼手推车。随着孩子年龄的增长,可以把它从婴儿车变成小推车。不仅如此,它小型、轻巧,不论是放在公共交通工具还是私家车里都很方便。它们具有婴儿车的舒适,许多车型还配有组合的、容易拆卸的宝宝汽车座椅。虽然它可能不是你梦寐以求的时尚的全地形运输三轮车,但是如果配备一个好的吊兜,同样会让父母和孩子快乐地度过美好时光直到不再需要推车为止。为了节省费用,您还可以从网上购买二手商品或向亲戚朋友索要用过的旧车。购买二手产品时,一定要检查刹车、安全机件(包括安全带)和轮子,确保它们都运转良好。

摩西风格的婴儿篮和婴儿栏床

它们看起来真的很漂亮,但是实际上是不必要的,因为你的孩子三个月之后就用不着它们了。不过，如果你必须准备一个，可以尝试购买二手的。婴儿在任何一个温暖安全的地方都可以睡得很好。如果你有喂奶的垫子和一张羔羊皮（这笔开支很重要，因为宝宝可以在上面香甜地睡觉和快乐地玩耍。尽可能选择有机产品），给她在地板上搭一个小窝。或者给她买一张能自动弹开的儿童床，这种产品很适合家庭使用。如果外出，带上它也是一个不错的主意。由于它折叠起来体积很小，因此方便保留给下一个孩子使用！如果你确实需要添进新的婴儿床或者婴儿篮，请购买环保型产品。它们便宜、时尚，由可回收的坚固的厚纸板制成，并且可以折叠成平板状，方便运输。也可以购买天然材料制成的儿童床和摩西风格的婴儿篮。

婴儿床和寝具

这也是一笔不小的开支，但是同样地，尽量购买二手商品或向朋友和家人借用。你可能需要买一个新的床垫，这是健康专家所推荐的。如果经济状况允许，可以选购有机的或者至少是天然材料做成的床垫。它是由百分之百的天然纤维制成，如羊毛、棉花、胶乳、椰皮纤维和马海毛，许多商业区大街上的商店都可以买到。这样做可以保证你的孩子不会接触到一些普通床垫中常见的化学残留物。同时，选择一种可以变成普通床的婴儿床，并确保它是由可再生森林的木材制成的。许多绿色零售商出售没有经过化学物质处理的、使用天然油干燥的婴儿床。与此同时，由于它们是手工精制而成，因此价格昂贵。确保小床的一边是可拆卸的，这样可以把它摆放在你的床边，如果你决定与孩子同室而眠的话。

合理安排需求，只要是与孩子皮肤直接接触的物品，比如床垫、清洗用品、内衣裤、尿布和寝具，可以多投入一些资金。其余的床上用品只要有两张床单和一条毛毯就足够了。选择有机的、全棉或者羊毛材质的产品。当然，如果你能买到一些二手商品那就更好了！

婴儿监控器

除非你住的房子很大，否则没有必要购买它，因为孩子的哭声可以高达115分贝（比拖拉机还吵），除非他/她体质不好或者正在生病。如果白天你用吊兜背宝宝或晚上和宝宝共眠，你真的不需要它。如果要买的话，就买二手商品吧！

自行车用婴儿座椅

这是一项重要的投资。一个座椅大约能够用三年。骑车带孩子出行是一种最环保的旅行方式，它不仅有趣，而且可以健身。你可以买二手商品，但一定要检查是否所有的扣件和安全带都运作正常。

购买二手商品

购买二手商品会给你带来很大的惊喜，因为节省下来的费用可以作为度假基金或者按摩费用，与此同时，通过循环使用，你和你的家人也对环境保护作出了贡献。网上二手商品交易中心和交换区，以及许多育儿网站上的售卖论坛都是寻找二手商品的好去处！很多婴儿用品通常只能用上几个月，因此如果全都买新的，似乎有些疯狂。

绿色公司

绿色公司越来越受到人们的欢迎。它们如雨后春笋般地出现，尤其在网络上。尽管其商品的价格有些昂贵，但是如果我们只买真正需要的东西，而且不经常购买，我们还是可以承受得起的。

我们需要以可持续消费为准则，在保障生活质量的同时减少对物质和能量的浪费。我们需要可持续的流行，也需要可持续发展观的流行。对一些人来说，改变其原有的习惯是很困难的，但是由于目前不当的消费而导致环境破坏，进而造成资源和能源枯竭，并且无法恢复。那个时候的生活将使他们更加难以忍受！我们给孩子留下的是什么样的遗产啊！

绿色育儿指南——服装和用品

❀ 确定轻重缓急。想想孩子真正的需求是什么。尽量购买二手商品或向朋友和亲戚借衣服。用省下的钱购买有机的、不含化学物质的必需品比如寝具、睡衣和内衣。请朋友和家人购买有机的产品作为送给你刚出生的宝宝的礼物。

❀❀ 尽量购买二手商品和有机产品。尽量购买本地或者至少国产的商品。

❀❀❀ 修改现有的衣服或自己做衣服。购买二手商品。如果确实需要购买新品，选择本地生产的有机产品，包括育儿设备、鞋和校服。鼓励家人也采取同样的做法。

第九章 游戏和教育

在本章中您将了解:

- 如何帮助 0~1 岁的孩子在发展的不同阶段通过游戏最大限度地开发智慧和潜能
- 如何选择绿色玩具
- 如何提高孩子的环保意识
- 如何从主流教育和非主流教育中取得最大的收获

游戏和教育并行不悖，这一点不仅适合婴幼儿，青少年也是如此。严肃的课堂，孩子们正襟危坐，鸦雀无声，这种做法已经过时了。如今的教育普遍重视对学生整体素质的培养。无论是托儿所还是中小学课堂，都把培养学生的社会交往能力和环境保护意识作为重要内容。然而，大多数公立学校的教育仍侧重于培养学生的纪律性和竞争意识。这一点还有待改善。

在以消费者为主导的社会里，孩子们见过那么多的玩具、游戏、传呼机、电话、色彩和品牌，以至于许多五岁的孩子都变得无比精明。电视无疑成了儿童市场形成的罪魁祸首。许多专家相信电视、电脑游戏和其他许多高科技玩具对孩子的过度刺激会导致一个民族的儿童和青少年思维懒惰！

 ## 游戏与成长

婴儿从出生的那一刻就已经开始学习了，并且逐渐开始理解身边发生的事情。生活中充满了意想不到的事情，父母可以与孩子一起去探索和发现。婴儿需要父母给他们提供一个安全的环境，这样他们可以充分运用各种感官（视觉、听觉、触觉、味觉、嗅觉）探索环境。在接受新的挑战和积极探索世界的过程中，他们需要来自成人的指导和帮助。

孩子的发展存在着差异性，分别于不同的时期到达发育的里程碑。各种因素，如环境、个性、文化、遗传和父母的参与，都会对孩子的发育产生重大影响。

0~8周的宝宝

宝宝忙于适应子宫外的生活，并与父母形成亲密的联系。在这个时期，他们渴望皮肤接触。随着他们越来越自信，他们对周围发生的一切会做出积极的回应，变得越来越可爱，并且绽放出人生第一朵微笑之花。婴儿的听觉变得高度敏锐，还不时地对周围发生的一切进行观察。然而在这之前，他们仍然目不转睛地盯着照顾者，仿佛在寻求安慰。随着协调能力的提高，他们开始练习使用声带。这时，他们对人的脸部、醒目的图案和会运动的物体产生强烈的好奇心。为了提高他们的眼睛追随移动物体的能力，可以用摇铃或嘎吱叫的玩具吸引他们的注意力。交流的时候声音要亲切、舒缓。黑白相间的风铃是不错的选择，因为他们喜欢色彩对比强烈、轮廓鲜明的图案。尽量给你的宝宝安全、清洁的物体让他们感觉和抓拿。

当你的宝宝能够趴着抬起头时，将一个玩具放在她前面吸引她的注意力。变换不同的方式抱她，促进其肌肉的生长发育。同时，温柔地和她说话，并给她唱歌。让宝宝趴在不同质地的柔软织物上。

3~4个月的宝宝

宝宝的社交能力提高，他们能够轻易地辨认出他们经常见到的人，尤其是父母。他们会对你露出充满爱的微笑，发出心满意足的声音。他们会以哭或笑表达自己的喜好和需要，帮助你更容易地了解他们的需求。在这个阶段，宝宝的注意力和感觉能力得到进一步的发展，所以，应该经常用吊兜背她出去，帮助她仔细观察周围的世界。宝宝这个时候已经呀呀学语了，谁逗她说话都十分高兴。

这个时期的宝宝已经学会抓握东西，喜欢抓住玩具摇晃。他们也喜欢噪音和那些咬或摸起来质感好的玩具。婴儿健身玩具车是这个阶段宝宝的一个好玩具，它既简单又可以健身。宝宝躺着时喜欢一边抓东西一边用脚踢。最好选择木质或布料制成的健身玩具车。当宝宝肚皮着地趴着的时候，在她前面放一个球，但不能让她拿到，鼓励她伸手去抓、舒展肢体或翻滚。当宝宝可以趴着把头抬起来的时候，通常就可以坐一小会，并且在大人帮助下站立起来。

5~6个月的宝宝

宝宝尝试着在不需要帮助的情况下自己坐起来。他们同时认识到，当某个物体或人消失或走开时，并不意味着他们一去不返。宝宝的面部表情和肢体语言越来越丰富，常常会被落下的物体所吸引。不管拿到什么东西，他们都爱往嘴巴里放，以此作为探索世界的方式。他们会发出"妈妈"和"大大"的声音，但是还没有明确的含义。他们可能会对固体食物感兴趣，并且喜欢用双手探索它们的质地。宝宝开始尝试翻身，有的宝宝能够通过手和膝关节的力量将自己撑起来。将玩具摆在前方让他们爬着去取是一种非常好的锻炼的方式。

宝宝喜欢推倒、紧握积木，并且不管什么东西，都喜欢放到嘴里尝一尝。他们喜欢藏猫猫和捉迷藏的游戏，从中他们进一步认识到消失的人或事物还会再次出现。在这个阶段，他们还特别喜欢听重复性的童谣。拨浪鼓、响铃和捏起来吱吱作响的玩具都非常适合5~6个月大的宝宝。套叠玩具、分类玩具、填塞玩具、堆叠玩具也很适合他们。宝宝们对锅碗瓢盆和木匙很感兴趣，喜欢在周围摆满玩具自己玩。通过玩玩具，宝宝的运动技能得到发展。

这个阶段的婴儿喜欢在浴缸里玩耍。洗澡椅使婴儿能躺着洗澡，既舒适又安全。购买物美价廉的二手商品是个不错的选择。就餐时间也应该成为玩耍的时刻，孩子将亲身体会不同的口感、色彩和味道，尽管他们可能会弄得一塌糊涂。婴儿们在一起时喜欢打打闹闹，玩得热火朝天，乐此不疲。

会匍匐前进的宝宝

他们对自己与他人的区别有更深入的了解。他们对世界充满好奇和探索精神，大部分的时间都在活动，很可能会把家里弄得乱七八糟。盯着点儿这个无畏的探险家！在这个阶段，他们会与生命中其他的重要人物建立亲密关系。他们会在与别的孩子玩耍时在一边玩，而不是一起玩耍。他们开始懂得交流，比如举起双手要求抱，听到叫名字后会转身，记住简单的词汇和要求，开始明白和接受"不"的含义。

这个时候告诉他们事物的名称非常重要，因为宝宝的注意力现在已经可以非常集中了。他们开始模仿大人发出的声音，认真聆听大人所说的每一句话。缓慢、清晰的发音有助于他们将声音与意义建立联系。你的宝宝会特别喜欢听自己发出的声音。除此以外,他们的运动技巧得到充分的发展,一些宝宝展示了自己独特的活动方式,如:来回晃动小屁股,而不是匍匐而行。

这个时候给他们看内容简单的硬纸板或布制的图画书非常合适。可以把玩具放在宝宝伸手可及的地方,她会跃跃欲试,想向前爬,这时妈妈可以用手掌托顶宝宝的脚底,帮她向前取玩具。所有适合5到6个月宝宝的玩具现在仍然可以玩。带镜子的玩具宝宝也非常喜欢。他们会攀扶家具站立。可以让宝宝一只手拿个玩具帮助平衡。宝宝站立时仍然需要大人扶着。此外,他们还喜欢被大人抱起来像飞机一样飞来飞去,或骑坐在大人肩膀上,或扶住手或髋部等来回晃动。

即将一岁的宝宝

许多宝宝开始走路和说话了。他们的视力得到了充分的发展。他们喜欢扔、抛或拉东西。放手让他们去做吧,因为这样有利于他们的成长。他们对周围的一切都十分感兴趣,越来越独立,与此同时,也表现出依恋的一面。与大人的交流变得越来越容易,因为他们已经知道用手指向希望得到的东西。他们开始掌握基本的词汇,并且能独自用餐或喝水。他们能够下蹲、漫步和攀爬。

牵着宝宝的手学步是迈向独立行走的重要一步,而且宝宝也热衷于这样做。宝宝的注意力集中的时间短,因此可以用诸如大球、汤匙和鼓之类的东西吸引他的注意力。可以常玩可拆装玩具。可以借助推着往前走的玩具帮助她发展行走技能。带扶手的木制四轮车比小摇椅或学步车更安全,且更有助于她的成长,因为宝宝可以控制自己的步速,并且可以根据需要随时休息。

多给宝宝念书,让她亲手用无毒蜡笔涂鸦。用纸板箱、毛毯和椅子搭成可钻爬的隧道和各种洞穴。天气暖和时,在室外摆上一盆水,几个罐子、杯子和水舀子,或让他们在浅浅的游泳池里玩耍。切记:孩子玩水时大人必须在旁边看护。一定要对孩子发起的游戏做出回应。

> **重要提示**
>
> 巧克力盒子里的分层纸会让学步期的儿童一玩就是几个小时,因为它们手感好而且能发出沙拉沙拉的响声。还可以和大一些的孩子一起用它制做形状各异、充满情趣的冰块。

 ## 玩具

我们经常看见这种现象:孩子得到新玩具时,他们对包装盒比对玩具本身更感兴趣,其原因是随着孩子的成长,他们的世界越来越丰富多彩,太多的、过于复杂的玩具只会影响而不是促进他们的学习。在我们的文化中,我们倾向于用大量的不必要的玩具过分地刺激孩子。孩子们很快对这么多的玩具感到厌烦,然后把它们抛在一边。

能发声的玩具(比如装电池的玩具)一般都是橡胶质地,而且颜色鲜艳,影响孩子对周围环境的观察。它们同时具有危险性，比如柔软的聚氯乙稀（PVC）玩具中所使用的邻苯二甲酸酯或塑料软化剂，人造毛皮、纤维、燃料、电池供电的玩具所产生的电磁场，更不用说世界各地的玩具从包装、运输到最后倒入垃圾填埋场对环境所造成的影响了。

邻苯二甲酸酯用在玩具和其他家居制品中至少已有50年的历史了，人们对这些化学物质吸收到人体内会对健康产生什么样的影响的争论（它们被认为是生殖毒物，干扰激素分泌，损害生殖器官）使得欧盟决定禁止某些形式的邻苯二甲酸酯在儿童玩具和餐具中的使用。一些公司在标签中明示不含邻苯二甲酸酯。然而，直到现在还没有全面禁止使用邻苯二甲酸酯类物质，欧盟以外的国家还没有此类的规定，所以从这些国家制造的玩具和家居用品可能仍然含有邻苯二甲酸酯。尽量不要玩塑料玩具。如果你一定要购买，确保它们不含有邻苯二甲酸酯。

选择由天然材料比如木头或布料制成的玩具。确保木材来自于可持续发展的森林，而且制作玩具的原料最好是100%的有机棉。每次购物时都要查看标签，只选择涂有天然染料和清漆的玩具。购买适合孩子年龄和能力的玩具。选购二手商品，与别的孩子的家长交换玩具。查询当地是否有玩具图书馆，在那里只需交纳少许的费用就可以租玩具，而且为家长和孩子们提供了一个交流的好机会。不要给孩子过多的玩具。精选一些玩具，把旧的玩具送给玩具图书馆和其他需要的家庭。回收再利用，请将它们传下去吧！

 **其他游戏**

研究表明玩具实际上不具有任何教育功能,也不能提高孩子的认知或运动能力。它们只能让孩子对玩具产生依赖,就像玩具盒子罩住玩具一样。其实,孩子的环境就是一个富有教育意义的大玩具。用外国口音录制的讲授语音的电子书最后竟然被孩子用食物抹得脏乎乎,然后扔进了厕所!以早期教育的名义给孩子的大脑塞满各种有用的信息无法取代与孩子一起度过有意义的时间。宝宝将在这个过程中学到很多知识,锻炼能力,并且与你而不是录像上精美的迪斯尼人物的感情更加亲密。

下面为大家提供了一些有趣的亲子活动和游戏。

游泳

无论对于婴幼儿还是较大的儿童,游泳都是一个有益身心健康的活动。游泳有助于提高人体的协调能力,增强自信心,促进肌肉成长,增进健康并增加水上活动的安全系数。婴儿天生具有潜水反射的能力,因此在水下没有吸气动作。这种游泳能力一直能够保持到婴儿4个月大。这就是为什么婴儿天生不怕水的原因。第一次带小婴儿游泳时,让她的腹部靠在你的胸脯上,身体余下部位浸没水中。当你的孩子足够大,具备足够的信心时,带她去当地的游泳池游泳,或给她报个亲水宝贝培训班。随着孩子年龄的增长,经常带他们去游泳池或游泳班来增强他们在水中的自信心。

散步

父母带婴儿或是更大一点的孩子去散步会使孩子受益匪浅。他们可以锻炼身体，呼吸新鲜空气，与父母谈心，同时了解大自然。可以让大一点的孩子触摸树枝叶子感受它们的质感。鼓励他们想象生活在公园的情景，或是带一本鉴别植物的书，每次出行时布置任务比如鉴别出五种树或是植物。

纸箱

纸箱子可以用来做成汽车、游戏屋、商店、木偶剧场、宇宙飞船，以及一切你能够想象到的场景。同样地，你还可以把椅子、被褥、衣夹等当作道具。孩子们喜欢创造、发明和演戏。当你帮助孩子把空间搭建好后，让她用蜡笔装饰纸箱子。如果用的是旧床单和椅子，用闪亮的金属片或亮晶晶的纸装扮它们。

烹饪

与孩子一起烹制饭菜会使亲子关系更加密切，并且有助于孩子了解食物的来源。同时，它也有助于年长的儿童学会科学、阅读和算术。在孩子很小的时候就让他们参与做饭，在你忙碌的时候让他们玩锅碗瓢盆和木匙。等他们再长大一点时，可以给他们意大利面条和水。年长的儿童会很专心地完成任务。可以给他们一些基本配方，将他们的作品作为礼物送出去，那时他们会多么地骄傲啊！或者，让他们亲手制作橡皮泥，原料是一杯面粉，一杯水，半杯盐，一勺油和一勺塔塔粉（化学名为酒石酸钾，一种烘焙原料）。将它们放在平底锅里搅拌，先小火再中火，放凉了就成了橡皮泥。现在孩子可以自由创造作品了。

小帮手

让孩子帮忙做家务，这样做不仅可以帮助他们熟悉生活的环境，而且有助于培养他们对集体的责任感，让他们意识到自己是家庭的一分子。年龄大一点的孩子可以帮忙倒垃圾，或者把玩具放回玩具箱。他们也喜欢在你洗碗时玩水槽里的水。别担心他们会弄得乱七八糟，这对他们素质和能力的发展大有裨益！大一点的学步儿童可以参与循环回收活动。这些良好的行为会逐渐成为他们日常生活中自然而然的行为，并逐步养成爱护环境的好习惯。孩子们喜欢听瓶子掉进垃圾桶时发出的声音，还喜欢分类清理可循环物件。记住，不能让幼儿在没人照看的情况下独自处理玻璃或金属。如果在幼儿时就养成做家务的习惯，等到稍长时他就会成为妈妈的一名勤快而又得力的帮手。

手工制作坊

不管是用旧唱片制作风铃，还是用碎布料做布制书，都是趣味横生的亲子活动。你还可以去当地的图书馆、书店或网上收集富有创意的游戏活动。

百宝箱

百宝箱就是在一个纸盒子里面装着各式各样的日常生活中的小玩意，让你的孩子去猜摸到的东西是什么。选择适合孩子年龄的物件，比如鸡蛋盒子、线轴、装有意大利面条或扁豆的塑料瓶，当然盖子要拧紧哟！发挥你的想象力尽量往里面装东西，但是凡是能造成窒息的部件或带有锐边和结的物件都必须拿走。随着孩子慢慢长大，百宝箱就变成衣物收纳箱了。

唱歌、押韵诗和藏猫猫

为了让孩子的生活更加丰富多彩，同时提高他的语言表达能力，应该给他们听不同的声音和各种类型的音乐，观察他们的兴趣所在。不要错误地以为儿童只应该听专门为他们创作的音乐。这种类型的音乐通常没有曲调，而且是由电脑而不是真正的乐器演奏出来的。儿童的听力十分敏锐，因此不要只听这样的音乐。可以和孩子一起加入音乐小组或买一些简单的乐器在家中弹奏。

家庭日

与家人团聚是非常重要的，因此务必每周留出一些时间与家人聚会。大家可以一起玩游戏、讲故事、演节目，或晚上一边看电影，一边吃着自制的饼干、爆米花或喝着可乐。可以把星期日设定为家庭日，因为大家都很轻松。家庭日是一周良好的开始。

花园活动

在花园里孩子们可以学习到很多知识，可以做很多事情。比如，可以划出一片土地供孩子种植蔬菜。开始时可以种一些不需要花太多的精力打理的品种，比如南瓜或者甜玉米。它们成熟的时候真的十分诱人。还可以种植金莲花、大蒜芥、草莓、菜豆、豌豆、西红柿和香草，它们成熟后果实可以直接食用。如果空间有限，还可以把这些植物种在花盆里。或者，何不创办一个野生花园？你可以去任何一家花卉商店购买混合野花和草的种子并把它们种在花园里，这样就可以吸引各种各样的蝴蝶、鸟和昆虫。让孩子选择和种植树木，并且在以后几年内观察树木的生长，这样有助于孩子理解时间的流逝和季节的变迁。如果你的花园足够大，挖一个池塘，这样就会吸引青蛙和蝾螈的到来。用修剪花园剩下的碎枝叶和风吹落的果子搭一个栖息地，吸引小动物来此冬眠。还可以搭建一些鸟舍、蝙蝠屋和饲料槽。买一本介绍鸟类鉴别的书籍和一副双筒望远镜用来观察鸟类。孩子喜欢能发出香味的植物，比如茉莉、木兰，灌木如醉鱼草等，吸引成群的蝴蝶飞来。从图书馆借阅一些关于园艺的书籍，扩大孩子的知识面，激发他们的灵感。

如果家中没有花园，你可以通过当地的市政部门了解居住地附近是否有土地可供租赁。或者可以在窗口花坛处种植一些香草或色拉蔬菜，如大蒜芥。水果灌木、豌豆和西红柿很适合在花盆里种植。西红柿、辣椒和香草则可以种在窗台上。

玩游戏

婴儿和大一点的儿童喜欢在户内和户外玩耍。如果有供他们玩耍的公共区域，一定让孩子知道。体育锻炼有益于身心发展，使他们思维敏捷，而这些是视频游戏和电视永远也替代不了的。

饲养宠物

如果你有一个大花园，饲养一些鸡、鸭、鹅或山羊。它们不仅能教会儿童什么是责任和生命周期，同时可以为素食者提供低热量的食物（蛋类）。当然如果你不是素食者也可以把它们作为食物，而你又多么愿意这样做啊！养鸡比你想象得要简单得多。有些生态公司出售小鸡的同时还提供饲料和养鸡手册，许多信息都可以在网络上查询到。

社交

在许多传统文化中，孩子由家人和朋友组成的大社会群体所照顾。在这种背景下，孩子有机会与不同的成人和其他儿童交往，同时也给母亲或其他主要的照顾者休息的机会。人是一种社会性很强的动物，这也是我们情感和身体发展的主要方式之一。然而，在我们的社会中，受到核心家庭和工作压力的影响，孩子从早到晚而且每天都和一个人度过是很常见的，生活中接触的人少之又少。这让所有的人都感到孤独和精疲力竭。

你和孩子一定要多出去走走，经常与其他家庭和朋友来往。如果你居住的地方没有太多的亲戚或朋友，可以参加亲子课程或活动小组，或去设有儿童游戏屋的咖啡馆、软游戏中心和玩具图书馆。与别的家长面对面地进行交流，你会感到非常高兴，而你的孩子也会享受与其他孩子一起游戏的快乐并从中受益。

 电视

在针对儿童进行的强大的营销和广告运动中,电视无疑起到了推波助澜的作用。与此同时,电视抹杀了个性,扼杀了创造力,使观众丧失独立思考能力,并且无法集中注意力。每天看一个多小时电视的孩子会变得越来越消极被动,因此积极的想象力会逐渐消退,也越来越不愿意与其他儿童一起玩耍。因为受到不断变换的图象和声音的影响,他们的注意力集中时间变得更短。他们开始盼望得到这样的刺激,否则他们将感到厌烦和无聊,产生挫败感,并出现行为问题。

让电视从家庭生活中消失可能很多人做不到,但是可以缩短观看的时间,把看电视作为对自己的一种奖励,而不是生活的一部分。不经常看电视的儿童观看大约半小时就会厌烦,因为他们更习惯于主动地玩乐。如果没有电视这种强大的广告媒体,我们将明白自己真正想要的是什么,而不是认为的那样。看电视容易上瘾,尤其是儿童。限制观看时间给予你和家人更多的时间从事创造性活动,阅读更多的书籍,收听广播节目。很多广播节目老少皆宜。扔掉电视机还可以节省电视执照费和卫星、数字电视节目收视费。

如果你的生活离不开电视机,那么每天看电视时间最多不超过一小时。电视机不用时将它罩住。如前所述,晚上可以请全家人一起看电影。试着度过一个没有电视干扰的假期或坚持一个月不看电视。尽量观看一些质量高的电视节目,比如:自

然史、戏剧和舞蹈，或者选择没有广告的频道。

 教育

对于许多成年人，学校留给他们的印象大多是：灰色的大型建筑，色彩单调的墙面，糟糕的厕所，恃强凌弱的学生，个性的缺乏，沉闷无聊的生活和难以下咽的伙食。尽管与过去相比，如今的教育状况已经有很大的进步，然而学校教育仍然强调的是严守规则、足不出户、测验、考试，不讲求营养膳食。尽管这种状况有所好转，但是很多孩子在十岁以后就没有上过体育课，而且只有五岁大的儿童就必须参加考试。

想象过这么上课么：老师穿着亨利八世的服装，把全班同学带到室外，让每个学生扮演这个历史阶段中出现的人物。通过这种方式帮助他们了解国王的生平。这种教学方法是否更加有趣和激动人心？这听起来似乎完全行不通，但是许多人已经开始探索和发展更适合现代社会的教育方式。现代教育的一个最重要的内容是环境教育。

环境教育

随着政府对环境及人类破坏环境后果的重视，环境教育越来越受众人瞩目。我们每个人都应该为自己的行为对环境造成的伤害负责。其中很重要的一步就是使我们的孩子认识到自己的行为可能对环境造成的危害及所能采取的预防措施。孩子们对周围的世界具有天然的好奇心，因此很容易对他们进行基础

环保教育，不管年龄多大。可是对于我们成人而言，这样做就比较困难，因为长期以来忽视环境保护，似乎必须对我们的生活方式作巨大的改变才可以奏效。事实上，这只是一个自然进化的过程，只需对我们的思维、教育和存在方式稍加改变即可。对儿童而言，这一切实在是太轻而易举了！

可以通过多种有趣的方式进行基础环保教育。比如：在日常生活中强调回收再利用，堆制肥料，园艺，观赏大自然的散步，搭建野生动物和昆虫的窝和设置喂食点。你还可以购买许多对儿童进行环境保护和回收再利用教育的图板和电脑游戏。如果你的孩子确实想看一会儿电视，鼓励他们观看自然历史方面的节目。教育孩子在家中就可以做到节约资源，比如刷牙的时候关掉水龙头，选择淋浴而不是盆浴，大便的时候才按马桶的冲水阀。教育他们随手关灯，天气变冷时多穿衣服而不是使用加热器，不玩电池供电的玩具。

如果你希望为环保作出贡献，你还可以参加自然资源保护小组，参加他们的家庭聚会和其他活动。这也是与志同道合者交流的一个好机会。

 **儿童保育**

这也是教育的一种形式。选择何种保育方式受到诸多因素的影响：如父母的工作、费用、位置、可用资金和便利性。一些保育方式比较绿色，但各有瑕疵。以下方案和注意事项有助于你在这个问题上做出最佳选择。

家庭保育

他们的服务比较灵活，富有个性化，通常可以在家中带小孩。他们可能无法按照你所希望的那样启发孩子，并且寓教于乐。有必要多花一些时间找寻与你的抚育方式一致的保育者。如果你给孩子使用的是布尿裤，询问他们能否接受。同时，确认他们是否只给孩子提供健康的零食，并且不把观看电视作为主要的娱乐方式。孩子每天至少有一次户外活动的机会，而且每次不少于半小时。

保姆

保姆提供一对一的服务，容易满足父母们的具体要求。然而，孩子可能会丧失了与其他儿童交往的机会，而社会交往对他们的健康成长十分重要。除此以外，他们会过分依恋照看者，这样会影响他们与父母的亲密关系。此外，这种服务的收费很高，而且不会受到严格的检查。

公立幼儿园

它们为3岁以上的儿童提供服务。它们通常与地方小学建立联系。他们依照国家课程标准授课，因此经常接受例行检查。许多公立幼儿园具有超前思维，在照顾和教育孩子方面具有更大的创造力，也更加自由开放。

私立幼儿园

许多新兴的私立幼儿园引进了国外比较新和丰富的幼儿教育理念,有的是特色教育。如蒙氏教育、华德福教育、音乐教育等幼儿园。私立幼儿园可能表现为更注重对家长的服务,家园之间信息沟通更畅。收费会比一般公立园高。

 主流教育之外的选择

与非主流学校相同,它们各有利弊。非主流教育日趋普遍,因为越来越多的人意识到主流教育需要作重大改变。作为对此需求的回应,一些非主流学校和教育方法如雨后春笋般纷纷涌现。有必要充分了解当地的情况,因为很多地方都不进行公开宣传。已经被人们广泛接受的做法如下:

家庭教育

父母选择在家教育孩子,这种情况在全世界范围内越来越普遍。一些研究表明,与接受主流学校教育的孩子相比,家庭教育的孩子通常具有更强的社交能力和智力水平。由于他们更容易获得一对一的关注,因此有更多的机会自由表达想法和提出问题。他们有更多的机会与各个年龄段的孩子和成年人在一起(家庭教育的儿童通常会定期与社区中别的父母、照顾者和其他同样接受家庭教育的各个年龄段的孩子们聚会)。

大多数家庭教育都会以孩子为中心,因此教学进度比较灵活。一些家庭会制定固定的时间表，给孩子创造一个学校的环境。实际上，孩子出生伊始对他的教育就开始了：在家长的帮助下，孩子探索世界，了解周围的环境，发展技能。随着孩子年龄的增长，家长应该成为他们学习的引导者，而不是教师。有些人选择固定教材和教育方法辅导孩子学习。各种家庭教育课程可在互联网上查到。

鲁道夫·史代纳教育

奥地利人鲁道夫·史代纳认为，游戏和运动是儿童教育的核心。鲁道夫学校具有家庭氛围，使用基于鲁道夫·史代纳思想的教材，利用天然材料和颜色制成的玩具鼓励孩子做富有想象力的游戏。史代纳教育的思想体系是：人类的发展与自然韵律和四季的变化息息相关。让孩子感觉到大自然的韵律节奏，通过歌唱和日常生活教育感觉到自己也是世界的一部分，生命节奏应该符合世界和季节的韵律。儿童从 7 岁开始接受正规教育，内容重在自然发展，培养创造力，并根据每个孩子的学习情况及时调整进度。

蒙台梭利教育

玛丽亚·蒙台梭利，意大利第一位女医生，在二十世纪初期开创了这种教育方法。蒙台梭利通过她对智力缺陷儿童的心理和教育问题的研究，改变了我们对童年性质的认识。当蒙台梭利在 1907 年开办她的第一所学校时，教育效果如此显著，以至于在意大利和其他地方引起了轰动。她意识到这些结果的重要性，于是发起了蒙台梭利运动。她的工作变得举世闻名。她的影响力之大不仅通过成千上万的蒙台梭利学校教师的工作得到反映，而且几乎世界上每一所幼儿学校都采纳了她所倡导的教育模式。

森林学校

森林学校的理念是激励和启发任何年龄的人。通过创新的户外游戏和学习方法，鼓励孩子在林区环境中完成切实可行的任务和活动，使他们的个人、社会和情感的技能和技巧得到发展。最初它是为丹麦7岁以下的学前儿童而开发的教育理念。

最有效地利用主流教育

虽然非主流教育对某些人来说可能是理想的选择，但它们并不总是切实可行的，而且学费对于一般收入的人来说太昂贵。除此以外，他们未必适合某些儿童。比如说，对于逻辑性和科学性强的孩子而言，史代纳教育可能过于强调创造性，而实际上有些孩子只是对结构和常规更感兴趣。尽管非主流教育给家长提供了更多的选择，但是它可能使孩子远离主流文化，导致未来他们很难融入社会，甚至发现这样的做法令人难以理解。如果你的孩子在国立或主流学校学习，为了取得最大收获，可以尝试以下做法：

• 尽一切可能与孩子在一起，在家中做本章中提供的替代游戏，采取这样的教育模式。

・不要强迫孩子在学校表现出色，不要把测试和考试看得太重。鼓励孩子按自己的节奏学习，并且享受其中的快乐。

・让孩子参加大量的户外活动，对他们进行环保教育。

・加入家长委员会，参加委员会会议。

・在家长会上积极主动，如果有建议和批评，坦率地说出来。这是唯一让学校作出改变的机会。如果学校不接纳你的意见，向当地政府反映。

・如果你的孩子很辛苦，看上去压力很大，让他们休息一下，别强迫他们去学校，因为你会发现可能另有原因或孩子平时的任务太重，快把他们累垮了。

・如果你允许孩子呆在家，确保他们建设性地利用时间，比如帮忙做家务，或在家中学习，而不是看电视和玩电子游戏。

绿色育儿指南——游戏和教育

♣ 经常和孩子在一起。尽可能多地和你的孩子一起去户外。不要玩塑料和电子玩具，尽可能购买二手玩具或者与其他家庭交换玩具。定期参加亲子培训班或聚会活动。减少看电视和玩电脑游戏的时间。关心孩子的学习，但不要给他们施加太大的压力。

♣ ♣ 享受与孩子一起唱歌、制造工艺品和游戏的快乐。做一个百宝箱，购买由自然材料制成的、且不含有粗糙的染料和化学物质的玩具。从小就让孩子接受关于环保和能源节约的教育，并且和他们一起上课。大一点的孩子可以参加有助于提高他们的创造力和社交能力的培训班。选择一个能够满足你要求的幼儿园，并且孩子人数不要太多。

♣ ♣ ♣ 仔细挑选玩具，只购买有机或二手的玩具。一有时间就和孩子一起度过，帮助孩子成长。经常和孩子一起制作手工艺品，利用日用品自制玩具。每天花大量的时间在花园中饲养宠物鸡和种植蔬菜。尽量让孩子参与烹饪。家庭教育或者选择其他非主流教育。

第十章 绿色家居

在本章中您将了解：
- 家居中的有毒物质
- 家居绿色的简单步骤
- 充分利用花园
- 饲养绿色宠物
- 绿色建筑的基本要素

我们无时无刻不被有毒化学物质包围。我们吃它们，穿它们，甚至呼吸的空气也有毒。没有人真正了解所有这些毒素对人体各个部位造成的影响，但是在西方，患呼吸道和过敏性疾病的人数越来越多，同时我们也知道家居环境中一些常见的化学物质是什么——毒素。为什么不使用替代品呢？答案只有一个：利润。只要产品有市场，它们就会继续被生产。只有改变我们的消费习惯，才能改变我们对环境的影响，不仅为了我们自己，更重要的是为了我们孩子的明天。

室内毒素

装修材料

装饰材料中含有极易挥发的化学物质。现代的涂料中含有高达50%的化学溶剂和挥发性的有机化合物（VOCs）。这些物质会常年散发到空气中并且危害我们的眼睛、鼻子、咽喉以及神经系统。应使用以植物或矿物为原料制成的自然漆料，尤其在儿童的房间内。一些商店和网上公司都供应这一类涂料。木材防腐剂也含有危害我们神经系统的化学物质，因此购买这类产品时，确保它的主要成份为硼，一种危害性较低的自然物质。壁纸中含有的杀菌剂能够散发出有毒气体，污染室内环境。

软体家具和床垫

它们常常含有阻燃剂，一种常用在塑料制品和电脑中的材料。它们被认为可以防火。然而，它们并不能生物降解，因此只能在空气中堆积，造成室内空气污染。其中一些成分被称为激素干扰物，会干扰甲状腺激素，污染母亲的乳汁。一些国家已经明令禁止这种阻燃剂的使用。某些大公司比如宜家家居的产品已经不再含有这种物质。消费者要经常查看产品标签，并询问相关信息。甲醛被用来胶合木材，制作绝缘泡沫胶，以及防止木头腐烂。甲醛被用在油漆、织物、便宜家具和中密度纤维板中。吸入这种物质会导致类似流感的症状、皮疹、癌症、关节炎和神经系统疾病。

如第八章所述，软家具、由合成材料制成的床上用品和非有机棉充满了刺激性纤维及化学物质，所以尽量购买由有机棉或麻制成的软家具和床上用品。选购床垫时，确保它们没有经过抗污剂和阻燃剂处理。现今可以购买到完全由天然材料如橡胶、椰皮纤维、羊毛和棉花制成的、未经过任何化学处理的床垫。它们的价格相当昂贵，但对于那些敏感体质的人和儿童而言，这样的投资是值得的。购买由天然材料如羽毛或羊毛填充的枕头或羽绒被。虽然它们的价格昂贵，但是投资一次，会使你终身享用，而且安全、豪华、舒适。

聚氯乙烯双层玻璃窗

它被认为是最节能的窗户密封材料。事实上，它的节能效果没有木制窗户好。聚氯乙烯在生产过程中产生大量的有毒废物，如果家里失火，它会释放出氯化氢气体、二噁英和光气，从而导致更大的危险。当它被抛至垃圾填埋场后，聚氯乙烯会释放出有毒增塑剂和其他重金属。这是一种十分有害而又不经济的材料，因此请选择木制双层玻璃窗吧！

木材

木材尤其是刨花板和中密度纤维板在加工的最后阶段往往经过了化学物质的处理，比如甲醛。请使用针叶材或欧洲胶合板。厨房操作台可使用针叶树材。当购买木料时，确保它们来自于可持续种植园。

地板材料

大部分的地板材料含有多种化学物质。在铺设地毯的过程中需要铺设地毯衬垫和使用胶水，而地毯本身能常年释放甲醛，一种已知的致癌物质。地毯中同时藏有大量的灰尘、螨虫和纤维，可加重哮喘。乙烯地板中含有邻苯二甲酸酯、氯化石蜡或有机锡，可能伤及肝脏、肾脏、睾丸、免疫和神经系统，并且导致婴儿出生缺陷。氯化石蜡还是一种已知的致癌物。选择其他类型的地板比如木材、软木或瓷砖，但要确保在装修过程中使用的任何胶水、背衬、衬垫物和油漆都不含化学成分。或者，使用纯天然材料的地板，比如棕垫或剑麻垫，两者都是由天然纤维织成的。

防水处理材料

它们含有可能致癌的化学物质，承包商们都尽力保护他们的工人免受它们的伤害，那么，你怎么可以让它们进入你的家庭并与之朝夕相处？它们除了会对呼吸系统造成损害外，价格也不菲。花费在防水处理上的费用可不便宜。在动工之前请咨询旧建筑改造专家或生态建设顾问师，你会发现其实在房间里安装排气口或风扇，疏通排水沟及淤塞，重新刷墙或勾缝以及处理好取暖和通风等的问题足以解决问题。如果需要重新刷墙或勾缝，请使用石灰基的灰泥或砂浆而不是水泥，那样将更容易吸收和释放水分。至于外墙壁的防水问题，可挖一条大约六至八英寸深的水沟降低防护墙地面的高度，视情况的严重性而定。

木防虫处理

这是承包商大力推荐的另一项昂贵的化学处理过程。除非严重的虫灾，否则没有这个必要。可以用一个简单的方法进行检测：用胶带把一张纸粘在受污染区。几个星期后，如果虫子很猖獗，纸上就会出现许多小孔。这么做可以为您节省上千甚至上万元，同时还可以使你的家避免受到另一种化学物质的污染。

电磁场或电磁辐射

所有的电器和电缆都会释放出电磁场。据说它会干扰人体内部自然能量流动而造成紧张、易怒和失眠。为了将家中电磁场对人体的伤害降到最低，尤其是卧室，每个房间尽量少放电器，尤其是电视机和电脑。电器不用时务必关闭电源，尤其是监视器，然后将屏幕盖好。在电视机和显示器旁边或上面放置水晶。水晶有助于驱散电磁场。液晶屏比老式的阴极射线管显示器的辐射小，因此有可能的话，把老式的显示屏换掉。你还可以在室内种植很多植物抵消显示器和其他电器发出的辐射。将植物尽量靠近工作着的电器。

植物可以有效地净化空气。它们增加了室内空气的含氧量，增加湿度和负离子，使能量消散。普通的吊兰对于清除空气中的甲醛特别有效。其他可以清除室内化学残余物包括甲醛、二氧化碳和苯的植物是：竹子、棕榈树、中国万年青、垂叶榕和岳母舌。一个房间内摆上两、三盆就起效。

绝热材料

用含氯氟烃（HCFCs）替代严重破坏臭氧层的氯氟烃（CFCs）。但是前者也不是完全无害。使用纤维素、软木塞、羊毛或泡沫玻璃作为其他可供选择的绝热材料。

水

水在使用前要经过化学物质处理，而这些化学物质在水被使用后又随水排放到环境中。一些化学物质可能是有害的。氯被普遍用来净化水质。它是一种漂白剂，会破坏头发和皮肤中的蛋白质而导致头发干燥、皮肤发痒。可以考虑接进自然水源或使用家用滤水器。

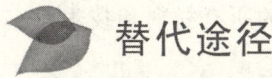 **替代途径**

整理房间

让你的家明亮通风。家是一个属于自己的地方,家是逃避现代生活压力的一个平静的庇护所。如果房间阴暗杂乱,只会使我们感到更加紧张。我们的家居环境反映了我们的心态,因此收拾房间吧,把窗户打开,让阳光射进来!

家庭用品、小装置和家用电器

真的需要这些东西填满我们的家,占用我们大量的时间来维护和清洁吗?最大的绿色建议就是减少它们的数量。第二个选择是购买绿色产品,如果有可能的话。现在,许多网上公司和商品目录为具有环保意识的消费者提供多种家居用品和小装置,那里你可以买到所有需要的商品。如可再生玻璃餐具、塑料椅、有机软垫、开关、节能灯泡和太阳能喷泉!还有一些公司提供太阳能或风能的小装置,如收音机和移动电话充电器。

尽可能购买二手的具有能源效率标志的电器。如果购买新品,确保你的产品能源效率最高。如果你还想做进一步的了解,可查询该电器公司的伦理评估标准,坚决不购买伦理或环保记录差的公司的产品。你可以通过各种网站,比如伦理公司组织进行伦理查询。

以下是一些绿色家居建议:

- 当你打算自己动手和革新时，首先判断你是否真的需要这么做。如果确实如此，权衡你所使用的所有材料和技术及它们对环境的影响。

- 鉴于世界上超过78%的原始森林已经被砍伐或退化，确保你所购买的木材或木制家具有可持续管理森林的认证书。

- 利用旧窗帘制造新品。

- 进行翻修时，尽量使用可再生材料如瓦片、浴缸、散热器和木地板，因为它们既经济又时尚，非常值得付出努力。更多信息，可与当地废旧材料收购点和二手商品收购商联系。

- 雇用使用传统的建筑方式施工的当地工匠。

- 妥当处理所有的油漆和化学制品。它们中大约20%~30%最终流入到我们的水资源中来，危害了野生生物，也破坏了我们的环境，最终还要花费纳税人更多的钱净化水资源。

- 每天早上开窗以驱除家用电器散发的对呼吸系统有害的挥发性有机混合气体。

- 让阳光尽可能多地照射到家中，并且考虑在特别黑的地方安装天窗或光导照明管。

- 购买离子发生器清除空气中的灰尘、烟雾、花粉。

- 购买无香味的蜂蜡蜡烛来代替普通的蜡烛，因为它不含有任何化学物质。有香味的蜡烛会散发出化合物，污染室内空气。

- 如果你实在喜欢有香味的蜡烛，可以在蜂蜡蜡烛上加一些精华油。

- 如果可能的话，购买二手家具或修复旧家具。

· 整改厨房时，仅仅更换橱柜和抽屉的面而不是整个厨房，这样既节省了金钱、时间，也节约了资源。

· 购买不需要纸袋的真空吸尘器，这样既节省钱又节约资源。

· 利用回收再生的木材自己动手制作物件。

 在花园中

如前所述，园艺和自己种蔬菜不仅是很好的锻炼方式，而且本身也是一种教育。同时，也为更广大的地区的生态系统平衡做出些许的贡献。

燃料割草机

它每小时产生的污染相当于 40 辆小汽车。应该使用电动甚至手动割草机。花园里草太多会显得比较单调，因此在花园中安排一些位置种植野生杂草的同时放置假山，开辟池塘、花圃和菜园。

可怕的化学杀虫剂

它们是对周围环境造成破坏的另一种污染物。如果用到水果和蔬菜上，其残留物会和果实一起被我们吃掉。现在很多自然方法可以治理病虫害，关于这方面也有很多相关书籍。或者，您可以登陆相关网站，那里您将发现许多窍门和非常实用的建议。

木馏油

对呼吸道有强烈的刺激作用。经雨水冲刷到土壤里很容易污染花园。另外，研究人员发现它还可以导致癌症。自从2003年6月30起，英国已经禁止销售这种产品。

泥炭肥料

泥炭和煤一样都是一种有限的自然资源。大片的泥炭地如今已遭到破坏或彻底摧毁。保护泥炭地十分重要，因为它们能告诉我们关于环境的过去和将来。要使用不含有泥炭的混合肥料，确保所购买的植物不是用泥炭土培植的。

小型装置

尽量不要使用取暖器、烤肉炉这样大量消耗能量的设备以及由热带雨林树木制造的家具。

混合肥料

几乎1/3的家庭垃圾都能制成堆肥，但是它们却被直接倒入垃圾填埋场。由于缺少空气和氧气，通常需要很长时间这些垃圾才能够被分解掉。堆肥的制做非常简单，只要将厨房垃圾如水果、蔬菜的皮、蛋壳、磨碎的咖啡和茶叶包放入堆肥箱，再加入像草、修剪掉的枝条、树叶、锯木屑和杂草这样的花园垃圾，然后让昆虫和微生物做它们该做的事情。你需要做的就是偶尔地转动一下箱子，很快你就会获得最肥沃且免费的花园肥料，而不是在现场放一个肥料袋。你也可以投入一些硬纸板增加一些纤维质，同时不要忘记再扔进一些蠕虫。如果你确实想自制肥料，还可以从很多园艺中心或者 DIY 店购买一个食物沼气池。使用方法和普通堆肥器一样，你还可以将剩饭菜倒进去。

生物栖息堆

用树叶、被风吹落的树枝和修剪下来的枝叶搭设生物栖息堆。它的造型多种多样。它是刺猬们最喜欢的家。

蝙蝠箱、蝴蝶和鸟笼

它们不仅是当地野生动物的一个珍贵的避难所，而且还会让你的孩子着迷。将一块自然褪落的羊毛放入笼里吸引鸟类。

瓢虫

可以养一些瓢虫，因为它们以蚜虫为食。在花园中添购一个装有幼虫的瓢虫箱，为它们的生长、繁衍提供一个安全的环境。瓢虫每天可以吃掉高达 8,000 只蚜虫。

灌木和植物

如有可能，购买本国土生土长的植物。挑选像水果灌木和药草这样的植物，因为它们不仅看起来赏心悦目，其结果还可以食用或药用。如果你有能力，还可以栽培一些互惠共生的植物，比如它们有助于控制虫害、能够遮挡光线或者改良土壤环境。这样的种植方式被称为永续农艺。如果你确实迷上了园艺,可以从图书馆里借一些书或在网上查找更多的方法。尝试着以最小的投入为你和你的家庭获得最大的产出。

绿色宠物

很多家庭都喜爱宠物。但是你的宠物环保吗?全球宠物护理/美容业的市场价值大约为275亿美元,预测到2010年将上涨到400亿美元。令人遗憾的是,我们对宠物的喜爱同样使环境受到了伤害。毋庸置疑的是,饲养宠物会对家庭生活、孩子们的情感和教育发展产生积极的影响,但是我们必须确保在这件事上同样做到环保。

食素的宠物

尝试着饲养一些像兔子和豚鼠这样的动物。或者最好饲养能够生产出满足人类需求的产品的食素宠物,比如鸡、鸭或是山羊。如果你养了一条狗,尝试着喂它一些残羹剩饭而不是购买狗粮,从肉商那里要一些剩饭菜增加它的蛋白质的摄入量,或者甚至可以使它成为素食动物。如果你感到有必要买些狗食,大批购买干的狗粮,因为这样节省了能源和运输。

救助中心

去救助中心寻找你的宠物,领养一只需要领养的动物。如果你不能够在家里饲养宠物,那么鼓励稍大一些的孩子成为救助中心的志愿者,或者出资供养一只动物。

猫

最好给猫做绝育手术。被遗弃的猫的数量每年都在上升，还有成千上万只猫等待着被领养。

在猫的脖子上挂一个铃铛。家猫会杀死各种各样的当地的野生生物，严重地影响到本来就很脆弱的生态平衡。一个铃铛可以减少35%以上的猎杀行为。

购买由再生纸制成的可生物降解的猫砂。它可用来堆肥，但事先必须把猫粪除去。现在大多数的宠物商店和超市都供应这种猫砂。比起将不可降解的脏猫砂扔到废物填埋场，这种做法好多了。

购买由天然材料制成的产品

不要给你的宠物购买塑料玩具。可以试试天然的物质比如天然橡胶、布料或胶乳。宠物生病后，可以给它使用天然疗方。人和动物的疗方没有什么不同，所以具体情况可参阅第七章的内容。

清除狗粪

狗粪中含有微小的蛔虫卵，可以在粪便中存活两年以上。一旦孵化的幼虫进入人体，它们就会穿透肠管壁，伤害肝脏和肺，甚至可能引起失明。对于在公园里玩耍的孩子，这是最大的危险。所以请把狗粪包起来扔掉吧！

商用跳蚤喷雾器

通过破坏跳蚤的神经系统发挥作用。它可能导致宠物出现生殖障碍性疾病。你当然不希望你的孩子接触它。何不改用一种无毒的除蚤项圈。可以将大蒜或啤酒酵母加入宠物的食物中来驱除跳蚤。食用它们后,宠物的皮肤会散发出气味,使跳蚤一闻到就感到厌恶。或者,还可以自制一种草药除蚤项圈。

 ## 绿色建筑

如果你真的想拥有绿色住宅,何不做全盘考虑?拒绝水泥森林,营造属于你自己的绿色住宅吧!最理想的生态居室是碳中和的,使用多种不同的绿色能量源,具有无污染家具和装置,保温隔热效果好,具有可自动调节的地下供热系统和可调节光线和热量的窗户。倘若完美的生态居室超出了你的预算,请别着急。借助目前最新式的木材套装人们可以自助建房。它们比砖和砂浆便宜,使用的能源只是建造一座传统房屋的十分之一,而且工程期短,几周而不是几个月就可以完工,因而节约了费用。除了木材套装,你还可以增加其他环保品比如由可再生材料制成的屋顶瓦,用岩石代替水泥打地基。

生态房屋可以采用大量不同的材料,如稻草、素土夯实和木料。许多图书、公司和网站都提供有关生态建筑和可再生环保建筑材料的信息。如果你有兴趣,可以参观生态房屋或生态建筑展览。另外,你还可以雇用具有环保意识的建造商、盖茅草屋顶的人、建筑师和野外生物顾问。土楼建筑减少了对景观的破坏，同时降低了30%~60%的能耗。由稻草盖成的房屋使用寿命为百年以上，并且外表美观，温暖，隔音效果好，而且费用只有传统房屋的一小部分。如果希望了解更多信息，请参阅"深入研究"部分。

假如你正在盖房子，咨询被动式太阳能设计专家，将其设计融入到你的新家建筑方案中。只要将双层玻璃窗安置在最能充分利用太阳光和热的位置，你的家就会温暖而明亮。在建造房子时就设计安装好它们就无需额外花费。

类似地，充分利用空气的自然流通技术，并将其引入你的设计方案，这种被动的冷却系统最大限度地减少了不必要的能源消耗。同样地，在建筑期间就采用这种设计几乎不需要增加成本。

应用绿色屋顶能够增加隔音和隔热效果。其实，这种屋顶的建造十分简单：在屋顶上面堆土，然后种植草和野花。它不仅可以节约能源，而且外观可爱，同时为鸟类和野生动物提供了另一块栖息地。

建筑住宅时还需要考虑的是：可持续发展能源解决方案，再循环的选择。

最后但同样重要的是：越来越多的生态村和环保新建筑如雨后春笋般纷纷涌现。一些主流建筑公司当然不会视而不见，他们不会错失任何能够分得一份蛋糕的机会，于是开始涉足生态住宅市场。他们的价格可能较高，而且可供选择的有限，但是如果你持有现金，并且希望以最小的努力取得最小的收获，那么他们是最合适的选择！

绿色育儿指南——绿色住宅

✿ 确保房间有充足的空气和阳光，尤其是孩子的房间。家中放置大量的植物来净化空气。将所有不使用的电器关机。只购买你所需要的商品，尽量购买二手商品。家中不要铺地毯。给孩子购买未经化学处理的、由自然棉制成的床上用品。充分利用花园，或者在户内种植一些植物。确保给宠物做节育手术，并且妥当处理所有的狗粪。

✿✿ 重新装修的时候务必使新家与周围的环境协调，避免不必要的化学处理过程。如有可能，以可再生资源或天然原料制成的产品更换非换不可的装置或家具。尽量购买有机寝具和环保家具。选购有能耗标识的电器，购买前先查看其认证标志。减少家中电器的数量。如果饲养宠物，尽量从救助中心认领。给它喂剩饭菜或干粮。如有可能，坚持以素食喂养宠物。在花园中搭建蝙蝠、鸟类或蝴蝶箱。留出一片地种植蔬菜和野花。用厨房垃圾堆肥。

✿✿✿ 利用自然资源建设属于自己的生态住宅。尽可能地回收再用建筑材料、设备和装饰物。购买有机、伦理和可再生的家具、附件和软家具。使用由自然材料制成的地面覆盖物比如剑麻或椰壳纤维。安装离子发生器和水过滤装置。在无任何化学污染的花园中应用永续农艺饲养鸡和种植有机蔬菜。购买食物消化器(food digester)。

第十一章 回收再利用

在本章中您将了解：
- 回收再利用的原因
- 回收再利用普通物品
- 回收再利用特殊物品

减少送往垃圾填埋场的垃圾量不仅应该成为回收利用的主要目标,而且应该成为每个人优先关注的事项,而不仅仅是那些热衷环保的父母们。循环再生的概念在整本书中被反复提及,它决不仅仅意味着把瓶子送到玻璃瓶回收站,还意味着你应尽量减少使用量,以及重复使用一件物品。如今,一次性产品的种类和数量都比过去多。面临它们的诱惑,父/母亲该怎样处置它们,减少它们对生态环境的影响,并把这些知识传授给自己的孩子们,是绿色育儿法中最重要的步骤之一。不管你在循环再生方面的努力多少,只管去做吧!每个人前进一小步,这个社会就前进一大步!

 ## 垃圾

对于垃圾的处理,一直以来都是由地方当局把它们运走并填埋在一个个巨大的坑,也就是所谓的垃圾填埋场内。随着人口和消费量的增加,越来越多的垃圾被运往已经爆满的垃圾场,以至于可以堆放垃圾的地方越来越少。因为垃圾填埋场和房地产开发之间的竞争(没有人会愿意与垃圾场为邻),何处可以容纳如此多的废品和包装材料?垃圾焚烧是不可取的,因为像垃圾场这样的焚烧点释放出的有毒气体和灰尘也需要安全地处理。那么,解决办法是什么呢?制造商们能够设计生产出更加持久耐用的产品,但是如今科技发展的速度如此之快,许多电子产品在短短的几年之内就过时了。包装材料完全可以设计成可回收利用的,但相比之下,目前的过度包装显得更加便宜、更容易夺人眼球。因此,要想改变现状,作为消费者,我们应该对所购买的商品、价格及处理方式有更清醒的认识,增强环保意识。我们需要做的事情就是减少使用量、重复使用和回收再利用!

减少使用量、重复使用和回收再利用

许多地方政府已经确立了工作目标,减少运往垃圾场的废物量,因此我们将共同见证垃圾收集方式的全面改变,这将使整个循环再利用过程变得简便。但是仅仅循环再利用是不够的,我们还可以通过减少使用量和重复利用来减少垃圾数量。

减少使用量

可以通过少买或选购二手商品减少垃圾量。当你确实需要新品时,尽量选择优质产品。它们使用寿命长,易于维修和升级。购买国产产品,或更为理想的,当地生产的商品。这样不仅能够促进本地经济的发展,同时也减少了包装和运输的费用(能源和金钱)。如果你确实需要去超市购物,自己带可重复使用的购物袋,并且不要选择过度包装的商品。尽量在本地商店购物,或者去那些可以为液体状的产品和干货提供补充装的商店,以此来减少不必要的包装材料。我们还可以一次性地在批发商那里购买大量的商品或者和朋友们一起组成购物合作社。避免购买一次性商品比如一次性塑料剃须刀、照相机、杯子、盘子或纸巾。

重复使用

尽可能重复利用旧物品，把它们抛进垃圾箱之前一定要三思而后行。扔旧家具之前，可以考虑给它们复原，剥除表皮，重新刷漆、上光和修整。我们应该好好爱护每一件物品，而不是将它们视为可置换的。当物品确实坏掉后，不要立即抛弃，除非真的无法修复。为旧物品寻找新用途，比如可以用废旧的塑料瓶做罩子保护幼苗不受冻。把自己不想要的物品捐献给慈善机构，并动员和邀请自己的朋友也这样做。或者，你还可以把那些物品公布到商品交易网站上，与别人交换你梦寐以求的商品。当然，你还可以在跳蚤市场或网上出售它们。被你视为垃圾的东西或许就是某个人梦想得到的宝贝！

回收再利用

回收再利用的行为可以节约能源和自然资源，减少垃圾处理量。回收再利用一个玻璃瓶节约的能量足以使一台洗衣机连续工作十分钟！回收再利用需要我们养成习惯，并且建立一个与房屋面积适合、甚至儿童也做得到的良好的循环系统，这些都可以使回收再利用变得容易。在回收之前一定把它们清洗一番，因为有些物品如果很脏的话可能就没多大用途了。我们要尽量购买再生的产品。越来越多的环保企业涌现出来，他们生产各种再生的产品，比如灯罩、椅子和书橱。堆制肥料能够减少我们生活中 2/3 的垃圾，而其中很大一部分是纸张和卡片。

关于回收再利用的谣言

为了逃避责任，一些公司和消费者常常引述关于循环再生的谣言，以此作为开脱。废旧物品的回收再利用刚刚起步，对于再生产品的新用途，不同的循环方法，以及正在建设中的新型环保再生处理厂如何满足新需求，这些问题都有待解决。然而，和做其他任何事情一样，我们总得有个开头。请不要被以下的谣言蛊惑！

回收再利用比生产新产品花费更多

事实并非如此。循环再生节省了许多方面的费用比如水、能源、原材料以及处理由制造新产品和采掘原材料所造成的污染。

回收再利用物品的运输导致了更多的污染

由于目前没有足够的加工厂满足需求，所以许多物品不得不被运输到很远的工厂进行处理。然而，随着越来越多人认识到可循环利用材料的用途，以及需求的日益增长，该市场会不断扩大，当地一定会涌现出更多赢利的、环境友好型的废旧物品回收再利用加工厂。结果会是什么样呢？继续循环再利用。你处理瓶子的方式将会对环境产生巨大的影响！

回收再利用的产品价高或质次

一些再生品的价格可能高于平均水平,但是如果消费者的需求增加,它们的价格就会下降。因此请继续购买它们吧!此外,再生品的质量一般较高(尤其是纯手工制作的产品),与新品相比,有时安全性更高,比如航天器轮胎。一些材料可以被无限制地循环利用而质量不会下降,比如铝、玻璃和一些塑料。另一些则可以被合并到其他循环使用的物质中制造出完全不同的产品。

绿色玻璃只能被扔掉

只有那些有害玻璃才会被扔掉。然而,我们确实需要为玻璃找到一些令人兴奋的新用途来推动该市场的发展。

回收再利用占据了太多的时间和空间

一旦习惯了这样的生活,回收再利用的过程就不会花费你很多时间,并且成为你的一种习惯而不是苦差事。一些人认为他们必须把瓶瓶罐罐上的商标去除掉,实际上他们并不需要这样做。回收再利用不会占据太多的空间,因为政府和社区会给你提供单独的垃圾箱。

直接扔掉比回收再利用节省费用

事实并非如此。因为到目前为止,垃圾处理的费用一直依靠大量的补贴。循环再利用正在成为更为经济的选择。

与回收再利用节约的能源相比,清洗待循环利用的物品耗能更多

可以在晚上洗完碗碟之后再进行清洁,这样就可以减少能源的耗费。

 常见的可回收再利用的物品

可以分成12大类。下面是它们的基本情况。

纸张和厚纸板

	减少使用量	重复使用	回收再利用
报纸和杂志	不要频繁购买	捐赠给等候室	做成纸柴燃料;送到街道垃圾回收处或废纸收购站
书写纸	买可再生纸	双面使用	堆肥
电话号码簿		用来增加电脑显示器的高度	白色的电话簿可以送到街道垃圾回收处或者废纸回收站 黄色的可送到回收中心或者还给分发者;用来堆肥或切成碎条状给动物铺窝

续表

	减少使用量	重复使用	回收再利用
卡片明信片		捐献给慈善机构再转卖给收集者。作为艺术品捐给学校或托儿所	送到回收站。询问地方当局是否回收卡纸
信封	购买能够生物降解的带有纤维素制成的透明窗的信封	在地址处贴空白签条，重新使用	将透明窗去除然后堆肥或回收再利用纸部分
饮料盒	尽量买不带盒子的饮料	用作花盆（用来培育幼苗）	购买带有预支付再生标识的利乐装
蛋盒		送给儿童团体/学校或农场口商店	制成堆肥
商品目录			回收再生报纸和杂志部分
硬纸板		用于花园抑草护根，然后制成堆肥	切成碎条状给动物铺窝；制成堆肥；送到回收站

金属

	减少使用量	重复使用	回收再利用
金属罐		能做成漂亮的杯烛台	冲洗干净送至金属罐回收站
废金属		交给废铁匠	送到回收中心
厨房箔纸	使用替代品包裹食物比如纸袋或防油纸	清洁、弄平、重新使用	

玻璃

	减少使用量	重复使用	回收再利用
瓶子、罐子	购买补充装	用于贮藏各种东西：食物、螺丝、钉子和油漆等	去掉盖子，和金属罐一起回收。冲洗干净后送到玻璃瓶回收站
玻璃制品			千万不要把碎玻璃送到玻璃瓶回收站。包到报纸中扔进垃圾桶
灯泡	买低能耗灯，特别是长时间开灯的地方		
玻璃片		把它切割后制成更小的窗玻璃或者做幼苗的玻璃罩	送到回收站

塑料

令人难以想象的是，每天我们的生活中充满了大量的、各式各样的塑料制品，比如包装袋、手提袋、塑料瓶和盒子等。不幸的是，人们常常将它们当作生活垃圾随手扔掉，最后被送进垃圾填埋场。循环利用塑料制品不太容易。如果将其填埋，它们会长期不降解。但是令人宽慰的是，这些高能资源能够相对容易地并且反复地再生利用。

> 为了取得最大收益，循环再利用前需要按照类别将这些塑料制品分开。这可不是一项苦差事。实际上它可以成为孩子和成人一次有趣的学习活动。许多塑料材料上标有简写代码，为热心环保的人们在分拣时提供了方便。
>
> 1. PET——聚乙烯对苯二酸，比如水瓶。
> 2. HDPE——高密度聚乙烯，比如奶瓶。
> 3. PVC——聚氯乙烯，比如清洁剂瓶、食物包装纸、包装用硬质泡沫塑料衬垫。
> 4. LDPE——低密度聚乙烯，比如塑料袋、垃圾袋。
> 5. PP——聚丙烯，比如人造奶油盒，一些地毯。
> 6. PS——聚苯乙烯，比如一些酸乳盒，泡沫塑料包装，肉盘。
> 7. 其他——聚碳酸酯，丙烯酸，ABS塑料（丙烯腈，丁二烯，苯乙烯共聚的高分子材料）。
>
> 有些类型的塑料循环再利用难度较大，但是没有关系，可以用它们装空牛奶瓶和果汁瓶，这样小型家庭很快就可以成为热忱的塑料制品的循环再利用者。

LDPE 是每周购物时最常使用的塑料品之一，人们常用它装所购买的商品。减少它们对环境的压力最简单的方法是重复使用，或者更理想的是，购买更结实的、可反复使用的袋子。无纺布袋子或纯棉布袋子都是不错的选择。

纺织品

	减少使用量	重复使用	回收再利用
衣服	简单的问题：我真的需要一件新的衬衫吗？	把不需要的物品捐赠给慈善机构，或把孩子穿不上的衣服送给更小的儿童	旧衣服可以用来制作隔热、隔音材料或床垫填充物，或用做抹布
鞋子	通过更换鞋底翻新旧鞋	同样地，慈善机构回收尚可以穿的鞋子	
窗帘		裁剪后做成孩子的床垫、玩具或盖布	同旧衣服
破旧的衣服和下脚料		有必要购买清洁巾吗？实际上旧毛巾和衬衫就可以了	
寝具		旧的被单和羽绒被可以制成理想的、具有装饰效果的防尘罩	自然材料可用来堆肥，切碎后效果更好
地毯	地毯可以彻底清洗翻新		地毯中的人造纤维通常是聚丙烯

化学物质

	减少使用量	重复使用	回收再利用
杀虫剂	避免使用是最好的策略，因为自然已经把一切都安排好了。天然的方法现成可用		千万不要倒进下水道
照相用化学药品	还没有数字化吗？		胶片中含有的银可以被回收
油漆	避免使用有毒油漆，尤其是包含并带有 VOC 标志的产品		
电池	装有发条的手动上链手表/玩具	使用充电型电池。避免使用电池供电的设备	送到专收电池的回收处
喷雾器	不使用任何会导致温室效应的气体作为喷射剂		
防冻剂	尽量不要使用		如果还有剩余，请交给回收站

食品

	减少使用量	重复使用	回收再利用
烹调油		可用来制造生物柴油。上网查询国家和地方制定的相应方案	可用来堆肥。如果预先加入纤维物质,效果更佳
熟食	用剩饭菜加工新食物。选择保质期最长的一种储藏方式	用陈面包做油煎面包块、面包屑和黄油布丁	生蔬菜可用来堆肥,而不需要食物消化剂

木材

	减少使用量	重复使用	回收再利用
修剪的枝条		在花园里建造一个小动物栖息地	最适合用来堆肥
木料		制作小家具、玩具等	所有的回收中心都乐于接收这些下脚料。可作为烧木火炉的燃料为房间取暖
锯屑		可以铺在宠物笼子里或用来吸附车库中的油料	
灰烬		用在花园中,作为一种钾碱撒在植物周围	小量的灰可以制成堆肥

陶瓷

	减少使用量	重复使用	回收再利用
瓷器		可用来做马赛克	请勿与玻璃同时回收再利用——它会污染再生的产品

土壤

	减少使用量	重复使用	回收再利用
泥炭	尽可能避免使用，因为泥炭沼正在以令人担忧的速度遭到毁坏。自制的混合肥料是一种较好的选择		
成长袋			将剩余物倒入堆肥箱中

植物

	减少使用量	重复使用	回收再利用
除草	草场并不见得总得修剪得极为完美！		可加入其他物质，增加透气性，堆肥效果好

电器

	减少使用量	重复使用	回收再利用
电冰箱和冷柜	尽可能购买最节能的电器	购买二手的、检修过的电器	应该由循环利用中心回收，因为它们会对有害物质比如氯氟烃（CFCs）进行检测和处理
电脑		对你来说过时的硬件对于其他人也许非常有用	

回收再利用更多的不常见的物品

长统胶靴

把它们截断变成沙滩鞋。

一次性照相机

如果你还没有数码相机，一定把底片送到具有完备的回收再利用设施的照相馆冲洗。

水

把家庭废水引到花园里去。

轮胎

可用来制造多种产品，比如：鼠标垫、儿童游乐场的地面和抗疲劳防滑地垫。

墨盒

送到专业回收处。

散热器

这些废旧金属很宝贵，把它们交给回收中心或废品商。

移动电话

可以送还供应商，或交给很多可以安排维修再使用的公司（比如 Tesco）。

药品

必须交给药房处理。

油地毡

天然油地毡可以切成碎条用于堆肥；人造的不可以循环再生。

软木

可用来堆肥或给孩子做手工艺品。

 **循环再利用的前景**

将来,当我们再次谈起垃圾时,我们不再将它们视为头痛的问题,而是宝贵的资源。"零垃圾"是21世纪的一个理念,强调最大限度地循环利用,尽量减少垃圾排放,降低消耗量,确保产品可以被修理、回归市场或大自然。作为对"零垃圾"号召的响应,新西兰和澳大利亚规定整个指定地区都是零污染区域。英国也设立了一块零废弃区域。美国率先在加州建立了一个城市垃圾公园,取代了传统的垃圾填埋场,其功能主要是修理、重新利用和循环再生所有的物品。

尽管前进的脚步不是那么快,但是只要我们每个人都尽自己的一份努力,环保的目标就一定能实现!请看一看你家的垃圾桶内都有什么物品,按照回收的类别进行分拣。你会惊奇地发现不可循环利用的废品实在是太少了。如果我们能停下来想一想这些垃圾从哪里来,又往哪里去,我们便会为自己和家人做出明智的选择。动员全家人参与到垃圾回收利用的活动中,并享受由此而带来的快乐和满足感吧,因为你们每个人都为环境保护作出了自己的一份贡献!

以下这些窍门有助于你早日实现三个R——再使用(reused)、可修补(repaired)、再回收(recycled back):

·购买家居手册,了解有关情况。与当地政府联系,咨询当地可回收再利用的产品种类,以及循环利用中心。

·用塑料密封盒储藏食物,或用碟子盖住碗而不是使用塑料袋和食品包装纸比如锡纸和保鲜膜。

・尽可能发电子卡片而不是纸卡片。

・用布手帕而不是纸巾。

・不要在室外生火焚烧垃圾。

・购买碎纸机。

・主动参与当地的循环利用计划。

・关注学校、地方政府、回收机构,并且帮助扩大宣传。

・开办自己的物资回收中心。

・参加堆肥志愿者培训班。

・孩子的自备午餐是多余包装材料的主要来源,所以尽量使用可重复利用的容器带饭和果汁。

・回收利用的过程中儿童是出色的助手,因为他们不仅热爱分拣垃圾,同时也善于将各种容器、材料、羊毛、绳子和纸做成独一无二的艺术品。

绿色育儿指南——回收再利用

✿ 尽量减少消费量。购物时携带环保购物袋。尽可能回收再利用纸张、玻璃和塑料。除非你确实需要,否则不要更换家具和设备。

✿✿ 尽量多地回收再利用生物制品。开始制作堆肥。不要购买一次性产品。参与回收再利用活动并教育孩子也这么做。让孩子们利用废旧物品制造艺术品。减少孩子午餐的包装。

✿✿✿ 尽量购买再生产品。参加堆肥培训班。关注回收再生机构,帮助扩大宣传。为实现"零垃圾"的目标而奋斗吧!

第十二章 能源

在本章中您将了解：
- 节约能源的重要性
- 节约能源的家居妙方
- 碳抵消
- 可再生资源解决方案

随着自然资源比如油、煤和天然气日趋稀少，能源的价格飞涨。在考虑核能的同时，政府也逐步开始注重对可再生或绿色能源的利用。在自然资源日益减少的同时，我们渴望给万物提供动力和光明的贪得无厌的欲望导致了在未来 15 年内对电的需求将提高 15%——与此同时，释放了大量的二氧化碳，导致了温室效应加剧和全球气候变化。一些国家的政府为此十分担忧，确立了家庭生产能源的目标，并且为他们提供激励措施和安装帮助。这就是微型发电计划。家庭和企业生产的绿色能源除了供自己使用外，多余的部分还可以卖给国家电力网。这样做可以降低能源账单费用，减少二氧化碳的排放量。虽然让每个家庭独立生产能源还有很长的路要走，但是，作为家人和父母，此刻他们都能做些什么呢？

家居能源节约小贴士

第一步就是清楚地了解家庭生活浪费了多少能源。节约能源应该从小事做起，比如随手关灯，关闭电器而不是处于待机状态，当太阳落山时拉上窗帘，防止冷气流吹入。在窗框和门框四周安装密封条，做好阁楼和管道的隔热——40% 的热量都是通过墙壁和阁楼散失的！

如果你感到冷，请多穿衣服而不是打开取暖器（这样做可以使每年的取暖费降低 10%）。安装节能型灯泡，它们的寿命比普通灯泡长 12 倍，同时节省了金钱。

> **重要提示**
>
> 衣服过少时请不要使用洗衣机。尽量以 30 摄氏度的水温洗涤，偶尔使用 60 度的热水，比如当尿布需要进一步清洁的时候。

水资源

节约水资源的途径很多，比如：

- 安装水表，监测用水量。
- 教育孩子在刷牙时关掉水龙头。
- 修面时请关掉水龙头。
- 修理漏水的龙头。
- 动员家人淋浴而不是泡澡。
- 收集雨水浇花园，帮助缓解全球水资源缺乏状况。
- 每天人们用来冲厕所的水达到 50 升，因此教育孩子们不要每次如厕后都按马桶的冲水键，除非是大便。
- 安装节水装置，在马桶的水箱中安装节水器——每冲一次水节约 3 升水。

燃气

如果购买燃气灶，请选择电打火型。长明火会不间断地燃烧燃气。

热能

请试试以下节能的好点子：

·如果你离开时间超过一天，请关闭取暖设备。

·保持朝南的窗户的洁净以获得最充足的阳光。

·将中央取暖设备的程序设定为入睡后自动关闭。晚上多盖些被子保暖。

·房间里没有人时，请关闭取暖设备。

·堵上不再使用的烟囱。熄火后请关闭壁炉风门。

·定期给散热器放气。

·购买本地可持续生产的木炭。

·更换锅炉或热水器时，确保它们是最节能的。

·通过有规律地保养锅炉或热水器保持其热效率。

·如果经济上许可，安装双层玻璃窗。否则，请在原窗户的基础上再加一层塑料窗。

> **重要提示**
> 在散热器的后面放上箔纸，可以把热量反射回室内。

电能

请试试以下省电的好点子：

·用多少水烧多少水，或购买省电水壶。

·定期给冰箱除冰，减少能量消耗。

- 食物晾凉后再放入冰箱。
- 洗碗机调到低温模式，尽量不要启动它的干燥和清洗延迟程序。
- 洗衣机装满衣服之后再开机，尽量启用凉水或低温清洗模式（请见前一章水资源部分）。
- 尽量不用转筒式干燥机。如果一定要用，请预先把衣物拧干，并清洗绒毛盒，因为如果堵塞了，机器将比较耗能。
- 蒸汽熨斗要比非蒸汽型每小时多消耗 1 度的电能，因此不要购买。但是如果有了，请关闭其蒸汽功能，用喷水壶代替。
- 不要让具有遥控装置的电器处于待机状态。据估计，全美家庭每年为此多付了高达 50 亿美元的电费；而在世界范围内，家庭能源消费量的 5% 到 15% 也因此被浪费。
- 当不再使用时，请关闭充电器和适配器。
- 请在不需要时关闭室外灯。
- 请选择购买最节能型电器。

烹饪

请试试以下的好点子：

- 烧水时盖好盖子，速度将提高 3%。水一开就改小火，过一小会再关火，蔬菜和鸡蛋会继续加热，吃的时候还会是温的。
- 确保灶圈大小与锅底相称。如果用的是燃气灶，不要让火苗舔着锅底，这表明锅放得过高，没有充分利用燃气。
- 煮蔬菜和大米时，一次多煮些以备下次食用。
- 烤肉时充分利用炊具，可以在上面烤一些蔬菜。

- 打开烤箱门将损失 20% 的热量，所以尽量不要打开门。
- 食物烤熟前 10 分钟就关闭烤箱电源，余热将完成剩余的工作。
- 食物彻底解冻后再烹调，减少加工时间。

如果你初为父母，且具有环保意识，以上的节能好点子足以帮助你迈出节约的第一步。不要忘了让孩子也参与进来，因为这是一条为全家人准备的学习曲线。如果你拥有资金，而且热衷于环保，那么以下的选择可能适合你。

 ## 碳抵消

碳抵消使得人们和企业能够减少碳排放量，因此使得二氧化碳这种温室效应气体从世界上某个地区的大气层中消失或减少。

碳排放量测量的是人类活动排放出来的温室效应气体对环境的影响。它是以二氧化碳的排放量为单位计算出来的。

以下是抵消碳排放量的几个方法：

- 植树造林，因为树木可以吸收二氧化碳，释放氧气。
- 投资或捐助那些研究和开发再生和可持续发展技术的公司或企业。
- 购买节约能源的技术，将它们捐助给国家。

家庭可再生能源

如今，尽管家庭生产能源可以获得多种资助，但是，初期的购置成本对于大多数收入一般的家庭而言还是不现实的。尽管从长远看，家庭生产能源可以降低一大笔能源使用费，但是如果仅仅依靠这笔费用，将需要很多年才能收回成本。当然，还可以通过将发出的电卖给国家电网获得一些补偿，可是并不是所有的地方都能够与国家电网相连。因此，如果你考虑自己生产家庭所需要的电能，确保你全身心地投入，并且做好周全的打算。

当前的能源生产方法

以下是当前的家庭能源生产方法。绿色能源技术的进步正以难以置信的速度发展，所以有必要就具体问题向专业公司咨询。

生物能源供暖

利用与中央取暖系统相连的炉子或锅炉燃烧碎木屑为房间提供暖气。

太阳能热水系统

在适宜的工作环境下，它们提供的热水可以满足全家人一半的需求并且节省了费用。

光电系统

它们可以将太阳能转化成电能。推广者说它们可以减少高达50%的电费。

微型热电联共机组

操作起来类似于传统的锅炉但是可以利用多余的热量发电供家庭使用。同样地，它有助于减少能源费用。

地源热泵

这些热泵系统将地热资源传递到埋在花园下面的长长的充满液体的管道内，然后用来制造热水和给地板加热，能够满足家庭80%的热水和取暖所需。

家用风力涡轮发电机

据称这种装置可以满足家庭平均每天35%的用电量，但是安装前必须获得许可。

废水循环系统

这套装置可以收集洗涤后的废水进行再利用比如冲厕所。但是对于私人住宅而言，无论从经济上还是从对环境的影响方面，它都不是最好的解决方法。例如，与节约的水的用途相比，一个小型的雨水循环系统可能对环境产生的影响更大（材料、生产水泵所需要的能量、技术工人维护系统所耗费的能量）。

雨水回收方案

从屋顶上收集的雨水可用来冲洗厕所和满足其他家务所需。

绿色育儿指南——能源

✿ 尽量安装密封条,减少热量散失。电器不用时请关闭电源。尽可能安装节能灯泡。

✿✿ 记住,水也是一种能源,因此尽量节约和保护它。维护家居的供热系统和设备,保证它们正常运行。把暖气调低两度。节约能源并且教育你的孩子也这样做。转而使用绿色能源供应者的服务。确保你所购买的所有电器能效级别最高。

✿✿✿ 确保家中所有设备都是节能型的,比如省电水壶和风力装置。在家中安装再生能源装置。参加你所在地区的能源保护运动。

第十三章　度假和旅行

在本章中您将了解：
- 我们的度假和旅游方式对环境和其他方面的影响
- 享受廉价、方便的绿色假期
- 绿色旅行小贴士

机场扩建、二氧化碳释放、考古造成的破坏、世界生态系统遭到威胁、对廉价劳动力的剥削和旅游业内部不公平的利润分配，所有这一切说明了一点：真正绿色的旅游者是那些呆在家中哪也不去的人。然而，旅游业给国家和地方带来了他们急需的收入、工作、外汇。有时候这些旅游者带来的财富被用于公益事业比如建立国家公园。大多数情况下，少了旅游业的收入，贫穷的国家将无法支付这样的工程。

每个人都需要休息，尤其当你有了孩子之后。所以对大多数人而言，完全取消旅游计划是不可行的。但是，减少旅游次数，改进旅游的方式，会对我们的环境和所访问的国家产生积极影响。尝试以下做法，您将拥有充实而有趣的假期！

 度假

如果想进行生态旅游，请与绿色旅行社联系。详情请登陆：www.greenglobe21.com。

包价旅游费用中只有20%被投入到目的地国的经济建设中。其余的部分用于支付飞机票、旅游公司、连锁饭店和进口食物及饮料。尽量在国内度假。越来越多的旅游指南旨在使国内旅游成为一个发现环境、美化环境和探索环境的过程。许多旅游项目专门为家庭而设计。相关信息请浏览专业旅游公司网站。

最新方案

绿色环球标志

该标志证明酒店、航空公司和旅行社符合世界旅游及旅行理事会制定的对社会、环境负责的、可持续开发旅游的标准。请与能够提供环境保护度假方案的旅游公司联系。它们专门从事减少对生态环境的影响的研究,关于它们的具体情况可在因特网上查询。

招待所和野营

对许多家庭来说,在本国度假是一个有趣、便宜而且环保的经历。通过相关网络查询,做好充分准备,你将拥有充实有趣的假期!

有机假期

越来越多的倡导有机生活的酒店、含早餐旅馆(B&Bs)和临时寄宿舍在世界各地出现。他们提供有机食物,尽量减少对生态环境的影响,保护地方经济和传统。他们大多十分欢迎家庭旅游。详情请访问网站:www.organic-holidays.com.

小型地方旅游经营商

专做针对某个地方或类型的假期旅游业务,与大型的大众市场旅游经营商有所不同。

义工旅行或打工度假

一些活动孩子也可以参加。一半的假期用来做义工,另一半时间用来放松和娱乐。通过这种旅游,你能深入了解当地的文化。而对于孩子而言,则可以结交新朋友,了解来自不同国家、不同文化的孩子是怎样生活的。

换房度假

与位于地球另一端的某个家庭交换房屋住上几个星期意味着度假者除了可以享受居家时的舒适和自在外,还可以绕过旅游经营商,只需支付机票或旅程费用即可。当地居民就可以告诉你关于本地旅游的最佳信息。

书面政策

查看旅游公司关于环境保护和地方人民的书面政策。如果他们无法出示,询问原因。

酒店

请不要使用免费的微型梳洗用具。它们完全是多余的,而且是一种浪费。住在旅馆时,重复使用床单和毛巾,直到它们真的脏了,而不是每天更换。这样做能够节约水资源、热能和清洁剂。

旅行

度假时尽量散步、骑车或乘坐公共交通工具。

礼物

尽量购买当地生产的礼物或纪念品,支持当地商业。拒绝购买由濒临物种制成的礼物,比如:象牙、珊瑚、红木或柚木。

蚊子

请使用蚊帐而不是化学驱蚊剂或电蚊香。

地方文化

尊重地方文化,遵循并尊重地方传统,注意自己的举止,雇用当地导游。

环境

度假期间尽量减少对环境的破坏,比如不要使用塑料袋、浪费水资源等。与在家时一样,采取同样的垃圾处理和节能方法。

 **旅行**

旅游给环境造成的最大污染来自于交通,因为在这个过程中大量的二氧化碳气体被排放,加剧了温室效应和气温上升。二氧化碳产生于燃油燃烧的过程中。一次伦敦到纽约的往返飞行平均每位旅客排放的二氧化碳量比英国常坐汽车者一年的排放量还要多。

科学家预测到2015年,航空旅行要为每年一半以上臭氧层的破坏负责任。我们可以通过种植树木抵消个人排放的二氧化碳,然而,问题的根源不只是因为机票便宜而引起乘坐飞机旅行的乘客人数增加。随着我们对体积和耗油量大的汽车的依赖与日俱增,有时一个家庭甚至不只拥有一辆汽车,尽管他们可能也只是偶尔开车去购购物。这种现状最终导致了交通堵塞、环境污染、呼吸道疾病增加、肥胖和气候变化。有轨电车、蒸汽动力公交车、城中的三轮出租车、绿色出租车、社区交通、氢燃料汽车和生化燃料交通工具作为解决燃油和交通问题的办法,都还处于实验阶段。但是,除非这些交通工具已经得到广泛使用,否则普通家庭怎样做才能为子孙后代营造一个光明、洁净的未来,并且节约燃油和金钱呢?将汽车扔掉将会是最绿

色的做法,但是这是不现实的。父母可以采取以下简单易行的环保措施:

· 如果仅去几百米以外的地方购买一瓶牛奶,请不要使用车辆。

· 尽量乘公共交通。如果可能,步行或骑自行车。

· 如果必须开车上班,请拼车。

· 开车时尽量慢,因为速度为 50 英里/小时所消耗的能源仅为速度为 70 英里/小时的 30%。

· 如果停车时间超过 1 分钟,请关掉引擎。

· 请步行送孩子上学而不是开车,或参与(建立)本区步行或骑车上学计划,由训练有素的父母亲轮流接送各家孩子上、下学。

· 购买高质量的,可以满足路上、越野两用的混合型自行车,配备儿童座和优质头盔,确保它们大小合适,安装牢固。一切准备就绪,让我们探索世界吧!

· 给儿童购买自行车,尽快让他们接受自行车驾驶培训。

· 在自行车上安装货筐或挂篮,购物时也可以带上。

· 定期保养车辆,确保它始终处于最佳运行状态。

· 不要购买大型车,大小能够满足需要就可以。

· 在推荐的轮胎压力下,每 6PSI 就增加 1% 的燃料消耗量,因此请给这些轮胎打气。

· 不要在汽车的行李箱中携带过多的重物,因为这样会增加耗油量。

· 如果你的汽车使用的是石油燃料,请考虑改用替代性燃油，比如液化石油气，减少导致全球变暖的二氧化碳气体的排放量。

• 购买双燃料型汽车（传统的汽油和液化石油气），确保稳定的燃料供给，而且每升石油气的价格大约只有传统汽油的一半，释放的二氧化碳和其他污染气体较少。

• 如果你不会骑自行车，可以考虑购买电动车。

• 购买新车时，确保它是同类产品中最环保也是最省油的，这样每年可以减少高达 45% 的二氧化碳和燃油费（Honda 似乎是目前市场上环保、节能型汽车的领军车型，但是还需对当前市场做进一步调查）。

• 避免乘坐时速 500 公里以下的飞机旅行，因为每位旅客产生的二氧化碳量是乘坐火车的三倍。

• 抵消旅行中尤其上航空旅行过程中排放的二氧化碳。支付主动燃油税，或参加植树计划，定期消除你所排出的二氧化碳。

• 在汽车的油管处安装节约燃油设备，这样做能节约高达 10% 的燃油费，减少高达 40% 的二氧化碳排放量。

• 抵制像 ESSO 这样的公司的产品，直到他们改变对全球气候变暖问题的态度，并且停止破坏为解决气候变化而签定的国际协议。

• 考虑使用生物燃料为汽车提供能量，比如，荷荷芭油、油菜籽油、葵花籽油或大豆油（请访问网站：www.greenfutures.org.uk 或者 www.lowimpact.org）。

绿色育儿指南——度假和旅行

✤ 尽量步行或乘坐公共交通工具。定期保养车辆。给轮胎打气。不要携带不必要的重物到处旅行。尽量在本土旅游。支付燃料税以抵消你的二氧化碳排放。

✤✤ 购买自行车和舒适的自行车座,或者租车。尽量骑车而不是开车。参加植树活动,利用植物吸收你所排放的二氧化碳。在汽车上安装省油装置。如果购买新车,请购买小型、节油型车辆。如果出国旅游,请选择有环保意识的旅行社或义工或有机度假的方式。与在家一样,在国外也要遵循节能原则。不要购买塑料瓶装的饮用水。购买当地生产的礼物。

✤✤✤ 抛开你的汽车,改乘公共交通工具。加入社区拼车计划。改用生物燃油或购买由再生能源提供能量的电动车。不要出国旅游,如果确实要去,进行生态旅游,支持当地的经济发展、保护方案和文化。尝试换房度假。去野营。

第十四章 全面实践绿色育儿

在本章中您将了解：
- 如何将本书中所介绍的方法转化为现代的生活方式
- 在各种诱惑面前如何保持独立思考
- 如何全面实践绿色育儿

如你所见，关于绿色育儿的主题内容如此复杂，到此我们的探讨还远远没有结束。您可以就一些与绿色有关的话题进行研究，比如：绿色婚礼和庆典，绿色婚姻介绍所，绿色工作环境或者寻找绿色工作和绿色生态友好型葬礼。随着时间的推移和政府日益重视气候控制与能源节约，人们越来越容易获得相关信息和服务，选择更加伦理和环保的生活方式。迟早它将成为人们的一种习惯，但它需要从身边的小事做起。最初，您可能会觉得有些别扭，但是如果从今天起对生活方式做微小改变，以后你会发现其实生活并没有发生多大改变。

做绿色父母不仅在于你和你的家人能为保护环境、脆弱的文化和经济做多少实事，它同时也反映了你们对生活的态度。如果你生活的目标就是为了赚大钱，尽可能多地拥有物质财富，并且愿意每天都把孩子丢在托儿所，将上帝赋予你的每一分钟都用在努力实现自己的理想上，那么绿色育儿将不适合你。为了帮助家人了解环境、尊重环境并做到与环境和谐相处，即使以最不起眼的方式与家人度过你的优质时间也是很有必要的。暂时停下工作，探讨绿色育儿的各方面内容，然后尝试将生活的节奏放慢。毕竟，就算你拥有很多财物，但如果没有时间去享受它们，这样的生活又有什么意义呢？回顾过去，谁不希望在孩子成长的过程中，能够与他们一起度过更多的美好时光呢？工作与生活的平衡是绿色父母的一个重要标志。只要稍加仔细考虑，做好交流、预算和规划，你将能够为自己和家人处理好工作和生活的关系。

家人，亲密的朋友和社区也为这种平衡的实现提供了坚实的基础。有了他们的支持，你将对绿色生活方式有更深入的认识。通常我们生活在自己的天地里，很少将自己的优质时间与别人一起度过。实际上，家人、朋友和社区都能够为你分担压力，给你出谋划策，帮助你早日实现绿色生活。家庭中的老年成员是个宝库，他们会为你提供宝贵的建议和信息。然而，人们常常忽视近在身边的这个资源，或者将他们视为负担，实际上，老人可是家庭链条中至关重要的一个环节。

从共同照顾小孩、联合起来以批发价大量购买商品，到社区地方交换计划，你的朋友、家人和社区给予了你巨大的支持，因此请积极加入，不管你做出的贡献多么地微不足道！记住，人多力量大！

不管是否居住在一起，父母的关系至关重要。尝试将双方共同接受的价值观简单、明确地表达出来，不仅是你做出的绿色选择和任何生活方式上的改变，而且包括情感上的需求和沟通的愿望。无论多忙也要花时间向对方敞开心扉，不要介意使用不同的交流手段。当出现困难时，不要忌讳向别人求助。确保每天有一些独处的时间，以便整理思想，进而使双方关系更加和谐。

可能你会觉得：所有这一切听起来是那么地美好，然而，在现实生活中，我们该怎样做才能将绿色育儿与现代生活方式协调统一起来呢？有时候你会觉得不值得这么麻烦，因为在以消费者为主导的社会中，我们无时无刻不感到紧张和焦虑。告诉自己绿色生活方式的优越性。如果你感到不知所措，深呼吸，然后重新阅读每一章的"绿色育儿指南"部分，根据不同的主题分清轻重缓急。把它们记下来，然后在旁边写下你和你的家人可以做的每一点改变。先从简单的方面做起，一旦成为了惯常的生活方式，就可以进行更为复杂的方面的改变。如果这些也能做到，那么就继续努力，直到全面实践绿色育儿法。关注绿色生活方式带给你和家人的益处吧！当这一切变为现实的时候，你会感到多么地骄傲和自豪！

如果有些事情干得不好，请不要灰心，至少你已经尽力了。向周围的人寻求帮助。这是一个与社区联系的好机会，同时也加强了内部的凝聚力。

只进行经济上可以承受的、符合生活需要现实的变革，而且尽量使该过程变得有趣。不顾一切后果地干事业，只会使你厌恶现在的生活方式。环保要从小事做起，而且应该成为例行工作。记住，环保的事业应该人人参与！

最重要的五条绿色育儿小贴士
- 母乳喂养。
- 使用布尿布。
- 尽可能食用新鲜的(有机的)食品。
- 尽可能地节约能源。
- 购买当地生产的商品。

很多人依然很不情愿改变旧的习惯，但是随着时间的推移，他们会发现，正如对吸烟的看法一样，人们对环境的态度也会改变。不管愿不愿意，不爱护环境的人都将被历史淘汰。为什么不走在大家的前面呢？况且，你会因此节省大量的金钱。因此，不要犹豫，立即行动吧！

如果你因为本书而受到启发，并且跃跃欲试，那么去购买一块土地吧，建造属于你自己的生态土船住宅。在这幽静的住所中进行瑜伽练习，这种生活该是多么地美好啊！现在，请接受我衷心的祝福：祝您和您的家人拥有一个美丽、健康、环保的未来！记住，确定轻重缓急，越简单越好！

快乐绿色育儿吧！